천체물리학자 위베르 리브스의
은하수 이야기

CHRONIQUE DES ATOMES ET DES GALAXIES
by HUBERT REEVES

Copyright ⓒ EDITIONS DU SEUIL (Paris), 2007
Korean Translation Copyright ⓒ YOLIMWON Publishing Co., 2013
All rights reserved.
This Korean edition was published by arrangement with LES EDITIONS DU SEUIL (Paris)
through Bestun Korea Agency Co., Seoul

이 책의 한국어판 저작권은 베스툰 코리아 에이전시를 통해 저작권자와의 독점계약으로 (도서출판) 열림원에 있습니다.
저작권법에 의해 한국 내에서 보호를 받는 저작물이므로 무단전제와 무단복제를 금합니다.

천체물리학자 위베르 리브스의
은하수 이야기

위베르 리브스 지음 | 성귀수 옮김

열림원

세상에서 가장 먼 여행……

차례

서문 · 11

I. 우주

01 우주여행 · 17
02 우주는 무한한가? · 21
03 폐쇄공포증 환자, 광장공포증 환자? · 25
04 시간 거슬러 올라가기 · 28
05 팽창하는 우주 · 31
06 빅뱅: 우주 폭발? · 36
07 우주 수평선 · 39
08 빛(우주 배경복사)의 화석: 우주 생성기의 생생한 모습 · 42
09 수소의 탄생 · 46
10 은하수들의 씨앗 · 48
11 태초에는 열이 있었다. 그렇다면 그 이전에는? · 52
12 그 전에 양자 에너지가 있었다면, 그 이전에는? · 54

13 우주의 곡률 · 57

14 거울 우주 · 63

15 보이는 것은 우주물질 5%뿐 · 68

16 암흑물질은 어떻게 발견되었을까? · 72

17 암흑물질의 존재에 대한 비판적 시각 · 75

18 암흑에너지의 발견 · 79

19 암흑에너지에 대한 비판적 시각 · 82

20 암흑에너지의 성질 · 85

21 양자 에너지의 수수께끼 · 88

22 우주의 최고 온도는 몇 도였을까? · 91

23 우주의 미래: 뜨거운 우주 아니면 차가운 우주? · 95

24 평행우주들? · 99

25 인류 원리 · 103

II. 별과 은하

26 은하단 · 109

27 블랙홀의 존재 가능성 · 112

28 항성 블랙홀 · 116

29 은하 블랙홀 · 119

30 우리 은하수 블랙홀은 다이어트 중 · 122

31 감마선 폭발 · 125

32 우주광선(Cosmic ray) · 128

33 항성들의 진동 · 131

34 죽은 항성 · 134

35 펄사(맥동성) · 137

36 태양계 외 행성들 · 140

III. 역사

37 아인슈타인의 해 · 145

38 시간-공간 · 148

39 $E=mc^2$ · 151

40 빛의 속도 · 154

41 우주에 대한 이론의 가능성 · 158

42 피사의 사탑 · 161

43 1919년의 일식 · 165

44 실재(현실)는 생각만큼 복잡하지도 단순하지도 않다 · 168

45 "알버트, 신에게 이래라저래라 지시하는 것을 그만두세요!" · 171

46 아인슈타인과 우주론 · 174

47 디락(Dirac) 방정식 · 177

48 반물질의 존재 가능성 · 180

49 　반물질의 발견 · 183

50 　반물질은 어디로 갔나? · 186

51 　지식의 도구로서 반물질 · 190

IV. 원자

52 　원자 · 195

53 　양자와 쿼크 · 198

54 　전자 · 201

55 　광자와 빛 · 204

56 　중성미립자: 볼프강 파울리의 직관 · 207

57 　태양으로부터 날아오는 중성미립자들 · 210

58 　중성미립자의 천문학 · 213

59 　중력 · 216

60 　전자기력 · 220

61 　강한 핵력 · 223

62 　약한 핵력 · 226

63 　네 가지 힘의 통합 · 228

64 　막스 플랑크와 물리학의 단위들 · 231

65 　시간, 길이, 질량, 온도의 우주적인 척도 · 234

66 　플랑크의 벽: 물리학과 우주론 사이의 경계선 · 237

서문

여러분 안녕하세요. 『위베르 리브스의 은하수 이야기』는 2005년에 발간된 『하늘과 생명의 이야기Chroniques du ciel et de la vie』 속편이에요. 이 두 권의 책은 2003년부터 2006년까지 프랑스 라디오 방송 프랑스 퀼튀르(France Culture)에서 매주 방송된 내 칼럼의 내용들을 모아놓은 것이죠.

이 책에서 다루어지는 주제들은 (블레즈 파스칼의 용어를 빌리자면) '극대'에서 '극소'까지, 다시 말해 우주 전체에서 중성미립자와 쿼크까지를 아우르고 있어요. 책 여기저기에서 인류의 지식 발전에 공헌했던 아인슈타인, 디락, 파울리, 플랑크 그리고 다른 많은 위대한 과학자들의 천재적인 직관들이 펼쳐질 겁니다. 또한 고전 물리학에서는 예상치 못한 놀라운 요소들 — 반물질, 블랙홀, 암흑물질과 암흑에너지(이 둘은 '보이지 않는' 물질, '보이지 않는' 에너지라고도 불림) — 에 대해서도 소개하고 설명할 거예요. 이러한 요소들의 존재를 어떻게 입증할 수 있는지 보여줄 겁니다.

각각 주제들의 순서를 정하는 것은 쉽지 않았어요. 그만큼 많은 요소들이 서로 연관되어 있기 때문이죠. 여러분은 '모든 것은 모든 것 속에 내포되어 있다'는 현대 과학의 위대한 발견들 중 하나를 확인하게 될 겁니다. 예를 들어, 너무도 비밀스러워서 그 존재를 오랜 동안 의심케 했던 중성미립자는 물리학과 천문학 분야에서 엄청난 중요성을 띠게 되었는데, 그것은 인류가 존재하는 데 결정적인 역할을 하였을지도 모릅니다. 아이들의 공에 바람을 넣을 때 이용되는 헬륨은 우주의 초기 단계까지 거슬러 올라갈 수 있게 해주고, 극도로 희소한 반물질 그 이전의 시기까지도 탐구할 수 있도록 해주지요.

어느 정도 자의적으로 주제를 구분하는 문제를 해결하기 위해 보완적이거나 동일한 주제를 다루는 이 책의 다른 장을 괄호 안에 표시해두었어요(예: *장, **장 참조). 별지에 인쇄된 컬러 사진들(1번에서 6번까지)은 몇몇 장에 나오는 설명들의 이해를 돕기 위해서 첨부한 것이고요.

이 책에 나오는 원자와 은하수의 이야기들은 우리 인류를 탄생시킨 우주에 대한 내용입니다. 그것들은 인류의 기원을 논하는 다음과 같은 질문에 대한 답이라고 할 수 있지요.

'우리는 어디에서 왔으며 어떻게 존재하게 되었는가?'

그런가 하면, 이전에 발간된 『하늘과 생명의 이야기』는 인류의 운명에 대한 다음 질문에 답하기 위한 것이었습니다.

'인류가 자멸하지 않기 위해서는 어떻게 해야 하는가?'

각기 과거와 미래에 관한 이 두 질문은 생태학적인 관심사라는 틀 안에서 서로 연결되어 있지요.

I
우주

01
우주여행

과학 기술자들의 끈질긴 노력 덕분에 우리는 이제 우주 전체를 볼 수 있게 되었습니다.

이를테면, 천체 망원경들을 통해 우주의 화려한 이미지들을 볼 수 있게 되었지요. 그것은 현대 과학이 인류에게 준 커다란 선물이지요.

이 책에서는 별지에 첨부된 우주의 몇 가지 사진들을 감상하고 연구하는 가운데, 우리가 살고 있는 세계에 대한 최대한의 정보를 얻도록 해볼 겁니다.

우선 1번 사진을 보기로 하죠. 우주의 가장 일반적인 모습을 보여주고 있답니다. 이제 세상에서 가장 먼 여행을 떠나보기로 할까요.

이 사진에서 보이는 것을 어떻게 묘사할 수 있을까요? 거대한 바다 위에 늘어서 있는 섬들처럼, 끝없이 펼쳐 있는 은하수가 보이지요? 광대한 은하수들의 섬 말입니다!

은하수란 태양 같은 별들이 약 천억 개씩 모여 이루어진 천체랍니다. 지구에서 가장 가까운 별들은 흰색을 띤 원반의 형태로 보이지요. 사진 속 여기저기에서(특히 사진 왼쪽 위를 보면) 은하수의 나선형 팔도 보입니다. 사진 속 검은 바탕 위에 보이는 파란 점들 또한 은하수입니다. 하지만 너무 멀리 있기에 천체 망원경으로만 가까스로 볼 수 있는 정도지요.

우리가 태어난 지구는 흰색 은하수 속, 노란 항성 주위를 돌고 있는 파란색의 작은 행성이랍니다. 우리가 속해 있는 은하수는 수십억 개의 은하수 중 하나인 평범한 은하수죠. 아주 먼 별 위에 살고 있는 관측자가 망원경으로 본다면 1번 사진과 비슷한 이미지들을 보게 될 겁니다. 그 관측자의 시야에 나타나는 파란 점 하나가 우리가 속한 은하수일 수도 있는 거죠. 그 관측자는 누군가(바로 우리)가 자기를 지켜보고 있다는 것을 상상이나 할 수 있을까요?

그 은하수들은 얼마나 먼 거리에 있을까요?

천문학에서 사용하는 측정 단위는 '광년'입니다. 빛이 1년 동안에 도달하는 거리를 말하죠. 1광년은 10조 킬로미터에 해당하는 거리랍니다. 사진 속 파란 점들(그것들을 다시 한 번 보세요!)은 수십억 광년이나 떨어져 있지요. 다시 말해서 10조 킬로미터의 수십억 배에 달하는 거리에 있는 겁니다. 이런 숫자들은 우주의 크기가 얼마나 엄청난지 가르쳐주지요.

앞에 설명한 사진 자료는 우주의 일부만을 보여주는데, 그것을 관찰 가능한 우주라고 부른답니다. 바닷가에 있을 때 우리의 시선은 관측 도구의 제약과 물리 법칙 때문에 '수평선'을 벗어날 수 없지요. 그러나 배를 타고 나가면 바다 수면이 수평선 훨씬 너머까지도 펼쳐져 있다는 것을 알 수 있어요. 우주에서도 언젠가 그렇게 할 수 있는 날이 올지 모르겠습니다.

우주에 대한 궁금증은 한두 가지가 아니랍니다. 우리 눈에 보이는 우주 너머에 또 수많은 은하수들이 있을까요? 우주의 실제 크기는 얼마나 될까요? 우주는 무한할까요? 그렇다면 1번 사진이 보여주는 것은 우주의 아주 작은 일부분에 불과하겠죠. 반대로 우주가 유한하다면, 은하수와 별들의 총 개수까지도 셀 수 있을 겁니다. 반면, 우주가 무한하다면 어떻게 될까요?

우주가 무한한지 아니면 유한한지 어떻게 알 수 있을까요? 언젠가는 간접적인 방법들을 통해서 그 질문에 답할 수 있을

지도 모릅니다. 하지만 지금으로선 이렇다 할 해답을 내릴 방법이 없답니다. 이 문제에 대해서는 앞으로도 여러 번에 걸쳐서 살펴보게 될 거예요.

02
우주는 무한한가?

인간은 언제부터 별이 촘촘한 하늘을 바라보고 거기에서 빛나는 물체들을 인식하게 되었을까요? 아주 먼 옛날부터 다음과 같은 의문을 가졌을 겁니다.

'저 물체들은 무엇으로 이루어져 있지? 저것들은 얼마나 먼 거리에 있지?'

고대 그리스의 철학자들은 신비로운 물체들이 있는 우주 공간의 크기에 대해 토론을 하곤 했습니다. 두 개의 학파가 서로 대립을 했지요. '아폴로 학파'라 불린 첫 번째 학파는 우주가 틀림없이 유한하다고 생각했답니다. 미와 측량의 신인 아폴로는 당연히 우주가 균형 잡힌 크기를 갖도록 했는데, 그런 상태를 '코스모스'라는 단어로 표현하지요. '코스모스(우주)'는 '코스메틱(화장품, 미용)'이라는 단어의 어원이며, 아름다운 물체라는 뜻을 품고 있습니다. 그런데 엄청나게 큰 것을 의미하는 무한성이란 코스모스의 특성이 될 수 없다고 생각했지요. 그와 정반대로, 자유분방한 소란스러움을 좋아했던 디오니소스의 신봉자들은 우주가 무한하다고 주장했습니다. 그런 주장은 모든 면에서 지나친 것을 선호했던 그들의 취향에 더 잘 어울렸던 셈이지요.

중세시대에는, 당대 기독교 세계의 기준점 역할을 했던 성 토마스 아퀴나스의 신학에 의거해, 신만이 무한하고 신이 창조한 우주는 무한할 수 없다고 여겼어요. 하지만 몇몇 사상가들은 그와 다르게 생각했지요. 1600년 1월 17일 로마에 있는 캄포 데이 피오리 광장에서는 조르다노 브루노라는 사람이 (여러 이단 서적들 중에서도)『무한과 우주와 여러 세계에 대하여』라는 책을 썼다는 이유로 화형을 당했어요. 대단히 도전적이었던 그 사람은 당시 종교 당국으로서는 도저히 받아들일 수 없는 말들을 했지요. 예를 들어, "당신들의 신은 무한한 세계를 창조할 수 없었을지 몰라도 내가 믿는 신은 그럴 능력을 가지고 있습니다." 이 말은 당시로서는 너무 지나친 말이었어요.

객관적인 관찰 자료가 없었기 때문에 개인적인 열정과 철학적 견해, 종교적 선택이 우주에 대한 논쟁을 지배했고, 그런 만큼 극단적인 의견들이 제시되곤 했답니다. 하지만 17세기에 이루어진 천문학의 발달은 위에서 얘기한 의문들에 새로운 해답을 내놓았어요. 만유인력 이론은 인간이 우주 공간으로 뛰어들어, 달이 지구 주위를 돌고 행성들이 태양 주위로 공전한다는 사실을 이해할 수 있게 해주었습니다. 하지만 그를 통해 멀리 떨어진 별들의 세계까지 설명하려는 뉴턴의 노력은 성공하지 못했어요. 태양계 너머에는 인간의 이해를 거부하는 신비로운 별들의 세계가 여전히 펼쳐지고 있었죠.

그러다가 1917년 아인슈타인이 상대성 이론(41장 참조)을 수립하면서 모든 것이 변하게 되었습니다. 이 이론은 우주 전체와 우주에 있는 모든 물질들에 적용되는 것이죠. 그때부터 과학적인 토대 위에서 우주의 크기에 대해 질문할 수 있게 되었어요. 질문에 대한 확답을 줄 정도는 아니었지만(이론은 관찰을 통해서 보완될 필요가 있었죠), 상대성 이론은 우주가 무한할 수도 있다는 가능성을 남겨주었어요. 사실 아인슈타인 자신은 우주가 무한하다는 생각을 별로 달가워하지 않았을 뿐만 아니라, 우주가 팽창하는 중인지도 모른다는 생각은 더더욱 받아들이기 힘들어했답니다. 그는 여러 번에 걸쳐서 그런 입장을 공개적으로 표출했죠. 이유가 뭘까요? 아폴로적인 미학의 영향을 받아서일까요? 어쨌든, 오랜 세월 거부로 일관하던 그 역시 결국에는 우주가 팽창하고 있으며, 무한할 수도 있다는 가능성을 받아들이게 되었답니다.

03
폐쇄공포증 환자,
광장공포증 환자?

　폐쇄공포증환자는 밀폐된 공간에서 불편함을 느끼는 반면, 광장공포증 환자는 지나치게 개방된 공간에서 어려움을 느끼는 사람이지요. 어떤 사람들은 우주가 무한하다는 생각이 터무니없는 것은 아닐지라도, 끔찍하고 받아들이기 힘든 것이라 여긴답니다. 그런데 내 개인적으로는 무한한 우주라는 생각이 마음에 들어요. 좁은 공간에 있다는 느낌 자체를 싫어하거든요. 누군가 내게 우주가 유한하다고 주장한다면, 나는 폐쇄공포증에 시달릴지도 모릅니다.
　하지만 코스모스의 엄청난 크기를 생각할 때, 우리의 감정적인 반응은 과학적으로 그리 중요한 것이 못 돼요. 우주는 우리의 마음 상태와는 아무 상관 없이 그저 있는 그대로 존재할 뿐이죠. 따라서 그것이 아무리 우리 눈에 이상하게 보일지라도,

우리는 실제로 발견된 그것에 적응하는 수밖에 없답니다. 어떤 사상가들이 빅뱅 이론을 철학적인 관점에서 받아들일 수 없다고 말했을 때, 내 친구 중 한 명은, 도미니크 수도회 종교 재판관들이 지동설을 부인하도록 강요했을 당시 갈릴레오 갈릴레이가 했던 바로 그 대답을 들려주었죠. "그래도 지구는 돈다."

과학자는 자신의 능력에 대한 통찰력을 기르도록 노력해야 합니다. 어떤 경우에도 자신의 견해나 신념을 기준으로 사실을 판단해서는 안 되죠. 그런 것들은 자칫 심각한 장애물이 되어 새로운 관찰 사항들을 정확하게 해석하고 평가하는 데 방해가 될 수 있답니다. 과학사를 보면, 몇몇 사람들의 편견이 과학의 발전을 막거나, 적어도 오랜 세월 지체시켰던 경우가 많아요.

원자나 우주 분야처럼 일상적인 지각범위를 벗어나는 현상이나 차원들을 탐구할 때, 우리의 지성과 상상력을 뛰어넘는 기상천외한 사실들을 접하는 것은 이상할 게 없답니다. 지성과 상상력이란 새로운 관찰 사항들이 전해주는 메시지에 적응하는 가운데 발전하고 풍부해지며, 보다 더 신비한 생각과 사물들을 접할 준비를 갖추게 되지요.

영국의 과학자 존 에클스는 다음과 같이 말했습니다. "세계는 우리가 상상하는 것보다 기이할 뿐 아니라, 우리가 상상할 수 있는 것 이상으로 기이하다."

　엄청나게 놀라운 사실들이 아직도 우리를 기다리고 있지만, 정작 그것들을 받아들이기 위해선 먼저 귀 기울여 들을 줄 알아야 하고, 편견과 선입견을 경계해야 합니다.

04

시간 거슬러 올라가기

 일상의 시간단위로 볼 때, 빛은 매우 빠른 속도로 여행합니다. 지구에서 달까지 1분에 도달하고, 지구에서 태양까지는 8분이면 되지요. 하지만 거대한 규모의 우주에 견줄 경우, 이런 속도는 무척 느리게 나타난답니다. 은하계 사이의 우주 공간에서는 빛이 거북이처럼 느리게 이동하는 것으로 느껴질 거예요.
 이처럼 느리게 나타나는 속도는 천문학의 축복이라 할 수 있습니다. 그 느림 덕분에 천문학이 세계의 과거에 직접 접근할 수 있으니까요. 간단히 말하면, 우주의 먼 곳을 바라볼수록 보다 먼 과거가 보이는 겁니다.
 앞에서 이야기한 우주의 이미지(1번 사진)를 다시 한 번 볼까요? 천체를 바탕으로 보이는 파란색 작은 점들을 주목해보기로 하죠. 은하수들에서 발산된 빛은 허블 천체 망원경의 탐지기에 포착되기 전, 거의 백억 년을 여행해온 것이랍니다. 우리가 보는 것은 그토록 오래전의 은하수들 모습이지요. 지금은 어떤 모습들일까요? 아직도 존재하고 있을까요? 그것을 알기 위해서는 또 백억 년을 기다려야 하지요.

다만 우리가 간접적으로 알 수 있는 것은, 그 은하수들 대부분이 주변의 은하수들과 충돌하는 가운데 합쳐지면서 더 큰 별들이 되었다는 사실입니다. 결과적으로 사진 속의 수많은 파란 점들은 이미 사라진 것들이란 얘기지요. 우리가 관찰하는 것은 사라지고 없는 우주의 초기 흔적들이지요.

우주의 이미지 속에서 우리가 보는 것은 현재 모습을 찍은 즉석 사진이 아니라, 동영상을 통해 보이듯 우주가 시간적으로 변해온 모습이랍니다. 우리의 시선이 과거 속으로 빨려들어 가는 셈이지요. 흰색을 띠면서 상대적으로 크게 보이는 것들은 지구에서 가장 가까운 은하수들인데, 아마도 지구의 공룡 시대에나 해당할 최근 시기(수천만 년 전)를 보여줍니다. 반면에 가장 먼 은하수들은 우주의 시초에 가까운 시기들을 보여주지요. 그 두 개의 극과 극 사이에 위치하는 다른 은하수들은 중간 시기들에 해당하는 우주의 모습을 알려줍니다. 예를 들어, 46억 년 전 지구의 탄생과 일치하는 시기를 관찰하고 싶다면 (이미 눈치챘겠지만) 46억 광년 떨어져 있는 은하수들을 관찰하면 되는 겁니다.

이때 관찰자에게는 중요한 기술적 문제가 생기는데, 그렇게 먼 거리에 있는 천체들을 연구하기가 어렵다는 사실이지요. 앞서 말한 사진에서 보듯, 그것들은 매우 약하고 아주 작은 빛의 점으로 나타납니다. 따라서 보다 많은 빛을 흡수해, 더욱 선명한 이미지를 얻기 위해서는 초대형 천체 망원경을 만들 필요가 있지요. 현재 사용되는 천체 망원경의 반사경은 직경이 대략 10미터 정도입니다만, 직경이 수십 미터에 이르는 망원경을 만드는 계획들이 진행되고 있어요. 그 이외에 전파 망원경들이 지표면 수만 킬로미터 상공에 설치되어 있고, 지구 위 우주 궤도상에는 지름 수십만 킬로미터의 망원경 역할을 할 수 있는 전파 망원경들이 조만간 설치될 예정이랍니다.

요컨대, 우주적 차원에서 볼 때 느리게 나타나는 빛의 속도는 연구에게 시간을 거슬러 올라가는 타임머신(역사학자들에게는 불가능한) 역할을 해줍니다. 연구자들은 그것을 최대한 활용하기를 원하고, 보다 더 강력한 관찰 도구들을 열심히 만들고 있지요. 그들과 함께, 그리고 그들 덕분에 우리는 우주의 모든 과거를 보다 신속히 파악하고자 노력할 수 있는 겁니다.

05
팽창하는 우주

1920년에서 1930년 사이에 천문학자 에드윈 허블(이 사람 이름의 우주 망원경이 있지요)이 중요한 발견들을 했는데, 그 결과로 우주와 우주의 역사에 대한 관점에 많은 변화가 있었습니다.

그 첫 번째는, 우주 이미지(1번 사진) 속에서 볼 수 있는 은하수들이 정지된 상태가 아니라 움직이고 있다는 사실이에요. 그중 어떤 것들, 예를 들어 파란색의 아주 작은 것들은 거의 빛의 속도로 지구에서 멀어지고 있답니다.

두 번째 놀라운 사실은, 은하수들의 움직임이 무질서하지 않고(사방팔방 날뛰는 기체 속의 분자들처럼), 그 반대로 매우 질서정연하다는 것이에요. 모든 은하수들은 서로에게서 멀어지고 있는데, 특히, 그 거리가 클수록 더 빠른 속도로 멀어집니다.

예를 들어, 1번 사진에서 세 개의 은하수를 정하고 그것들을 꼭짓점으로 해서 삼각형을 그려보기로 하죠. 시간이 흐르면 그 삼각형의 크기는 커지지만, 모양은 변하지 않습니다.

이렇게 놀라운 별들의 움직임은 어디서나 동일하며, 우리가 관찰할 수 있는 우주의 끝에서도 마찬가지랍니다. 그래서 "우주는 팽창하고 있다"라는 말이 나오게 되지요.

이러한 사실을 근거로, 20세기까지 암암리에 받아들여졌던 "과거에나 미래에나 우주는 동일하다"라는 2500년 전 아리스토텔레스의 주장은 무효가 되었어요. 반대로 은하수들의 팽창운동은 우주가 끊임없이 변하고 있다는 것을 알게 해줍니다. 실제로 은하수들이 서로 멀어진다면 우주의 밀도(일정한 우주 공간 안에 있는 은하수들의 숫자)는 점점 줄어들게 되지요. 다시 말해서 우주가 점점 희박해지는 겁니다.

아리스토텔레스를 변호하기 위해 한마디 덧붙이자면, 우주가 불변한다는 그의 주장은 그 이전 시기 천문학자들(수메르인, 칼데아인, 바빌로니아인 등 그 유명한 동방박사들)의 수 세기에 걸친 관찰을 바탕으로 한 것이었습니다. 하늘에 떠 있는 별자리들의 계절적인 움직임을 관찰하면서, 그들은 별들이 1년마다 규칙적으로 제자리에 돌아온다는 것을 알아냈고, 따라서 우주는 변하지 않는다는 결론을 내리게 되었지요. 하지만 망원경이 없었기 때문에 그들의 관찰은 제한적일 수밖에 없었답니다. 모든 관찰이 육안으로 이루어졌던 것이지요.

이번에는 팽창하는 우주의 모습을 찍은 영화를 거꾸로 돌린다고 상상해보지요. 우리는 스크린 위에서 은하수들이 서로 가까워지는 것을 보게 될 겁니다. 그러다 보면 어느 순간에는 은하수들이 서로 겹치면서 우주는 아주 작은 크기로 축소되고, 그 밀도는 극한으로 치닫게 되겠죠. 이런 상상을 바탕으로 우주의 시작이라는 개념이 성립하게 되었답니다.

이 개념은 수많은 과거의 우주 생성론에서는 거론이 되었지만, 위에서 이야기한 허블의 발견들이 있기 전까지 엄밀한 의미에서의 과학서적에는 등장한 적이 없었어요. 그래서 아인슈타인을 포함한 수많은 과학자들이 매우 혼란스러워했던 것이죠.

우주의 나이를 측정할 수 있을까요? 물론 가능할 뿐 아니라 그를 위한 여러 방법이 존재한답니다. 첫 번째 방법은 은하수들 자체의 관찰을 통한 것이지요. 각각의 은하수에 대해서 지구와의 거리와 지구에서 멀어지는 속도를 측정하는 방법입니다. 간단한 계산만으로도 하나의 은하수가 현재의 위치에 도달하는 데 걸린 시간을 알아낼 수 있답니다. 그 계산을 통해서 우주의 나이는 대략 140억 년이라는 결론이 나오지요. 좀 더 정교한 계산을 동원하면, 현재 우주의 나이가 137억 년(앞의 계산과 2% 정도 차이)으로 추정될 수 있어요.

또 다른 방법들은 우주의 나이가 우주상의 가장 오래된 별들보다 많을 수밖에 없다는 분명한 사실을 바탕으로 합니다.

오늘날 우리가 측정하는 별들의 나이로 볼 때, 130억 년 된 별 이상으로 오래된 별들은 존재하지 않습니다.

한편 방사능을 이용해서 수많은 원자들(우라늄, 토륨)의 나이를 잴 수 있는데, 그것들의 수명은 수십억 년에 달합니다. 이 방법은 부정확한 편이기는 하지만, 그 어떤 원소도 우주보다 오래되지 않았다는 사실을 가르쳐줍니다.

여기서 밝혀둘 것은, 이러한 결과들이 서로 다른 과학 기술, 즉 천문학과 실험 물리학을 통해 얻어졌다는 것이에요. 그 결과들이 서로 일치한다는 사실은 우주 팽창 이론이 믿을 만하다는 것을 확인시켜줍니다.

허블이 발견한 것은 놀라운 결과들을 가져왔는데, 그로 인해 우리는 우주가 원래부터 존재한 것이 아니라 엄연히 시작과 끝을 가진 역사의 결과물임을 추정할 수 있습니다. 아울러 그것들은 또한 천문학뿐 아니라 과학 분야 전체, 즉 인간의 사고 전반에 걸쳐 지대한 영향을 미치고 있답니다.

06
빅뱅: 우주 폭발?

앞 장에서 우리는 시간의 흐름을 바꾸어보았습니다. 사진 속 은하수들은 점점 가까워져서 결국에는 최대의 밀도를 지닌 하나의 덩어리로 겹쳐지게 되었죠. 그런 식으로 우리는 우주의 시초까지 거슬러 올라가보았습니다.

이번에는 다시 정상적인 시간의 흐름으로 돌아가서, 우주 최초의 상황을 상상해보도록 하죠.

그 때의 상황을 어떻게 묘사할 수 있을까요? 그것은 거대한 폭발과 비슷하다고 할 수 있죠. 하지만 폭발에 비유하는 것이 정말 적절한 것일까요? 그렇기도 하고 아니기도 합니다. 이 부분에서 잠시 숨을 돌릴 필요가 있을 것 같군요.

맨 처음에 폭발이 있으려면 폭발물이 있어야겠죠. 예를 들면, 일정한 크기와 표면적을 지닌 폭탄을 상상할 수 있겠습니다. 폭발하는 순간, 고온의 파편들이 터져 나와 이전까지 아무 것도 없던 주변 공간으로 순식간에 퍼져 나갑니다.

그런데 폭탄과 다르게 우주는 표면적이 없는 하나의 공간이지요. 두 개의 공간이 있어서 한쪽은 폭발물로 가득 차 있고 다른 쪽은 비어 있는 것이 아니라, 하나의 공간 속 우주물질이 동시에 어디로나 일정한 양상으로 팽창한다는 얘깁니다.

폭발 현상의 비유를 계속해보자면, 빅뱅의 순간 우주 공간의 모든 점들이 폭발하는 상황을 상상해볼 수 있을 겁니다.

전체가 폭발하는 거대한(아마도 무한한) 우주를 상상하기란 쉬운 일이 아니지요. 하지만, 그런 이미지보다 우주를 더 잘 묘사할 수 있는 것은 없답니다.

당연히 그런 우주의 모습은 친숙한 크기들에 익숙해진 우리의 상상력을 훌쩍 뛰어넘는 것이기에 낯선 느낌이 드는 것은 자연스러운 일이지요. 하지만 천문학자들이 다들 말하는 것처럼 언젠가 우리의 상상력 또한 "거기에 익숙해져야 하고, 결국 익숙해질 겁니다."

우주 역사의 흐름을 따라가기 위해서는 아인슈타인 이론(41장 참조)을 참고할 필요가 있습니다. 그 이론에 따르면, 우주 전체에서의 폭발 운동(은하수들의 후퇴로 확인할 수 있는)은 우주를 냉각시키는 효과가 있어요. 어떤 가스가 압력이 줄어들면서 어떻게 되는지는 쉽게 확인할 수 있는데, 우주는 은하수라는 입자들로 구성된 가스라고 할 수 있지요.

이를 근거로, 우리는 옛날의 우주가 지금보다 더 높은 온도였다는 추측을 할 수 있습니다. 여기에서 다시 폭발의 비유에 기대어, 엄청난 밀도와 온도를 지닌 원시 우주의 이미지를 생각해볼 수 있어요.

1930년경, 조르주 르메트르는 허블의 관찰들과 아인슈타인 이론을 결합해서 '원시 원자 이론'을 만들었는데, 이 이론이 바로 빅뱅 이론의 토대가 되었답니다.

07
우주 수평선

여기서 다시 1번 사진으로 돌아가, 우주 공간 속의 보일 듯 말 듯 한 은하수들을 살펴보기로 하죠. 파란색 작은 점들로 보이는 가장 멀리 떨어진 은하수들은 빛의 속도의 90에서 95%에 이르는 속도(초속 30만 킬로미터)로 우리에게서 멀어지고 있습니다. 그것들보다 더 멀리 있는 은하수들은 왜 보이지 않는 걸까요? 이유는 간단한데, 그것들은 빛의 속도보다 더 빠른 속도로 멀어지기 때문입니다. 따라서 그것들이 발산하는 광자들이 지구까지 도달할 수가 없는 거지요.

빛의 속도보다 더 빨리 움직인다? 그게 어떻게 가능할까요? 아인슈타인의 상대성 이론에 따르면 빛의 속도는 '벗어날 수 없는' 만물의 한계입니다. 이 말이 전적으로 맞기는 하지만, 우리 역시 '벗어날 수 없는' 아인슈타인에게로 돌아가 은하수들의 운동이라는 개념을 더 자세히 살펴볼 필요가 있어요.

빅뱅 이론에서는 이 개념이 약간 특별한 의미로 쓰인답니다. 우리가 흔히 말하는 운동의 개념과는 다르거든요. 은하수들은 (예를 들어, 골프공처럼) 공간 속에서 이동하는 것이 아니라, 이동하는 것 자체가 공간이랍니다. 은하수들은 그것이 속한 공간과 함께 팽창을 하는 것이죠.

이해를 돕기 위해 재미난 비유를 하나 들어볼까요? 고무로 된 벽에 1번 사진에서처럼 여기저기 작은 은하수들을 그려 넣는다고 상상해보지요. 그다음에는 그 벽을 사방에서 동시에 끌어당겨보기로 합니다. 그러면 실제로는 벽면이 늘어나는 것인데도 은하수들이 서로 멀어지는 것처럼 보이게 될 겁니다. 만약 그 벽이 엄청나게 크다면 은하수들이 서로 멀어지는 속도는 빛의 속도에 도달할 수도 있고, 그것을 뛰어넘을 수도 있겠죠. 고무 벽이 무한하다면, 은하수들의 이동 속도도 무한할 수 있다는 얘깁니다.

그런데 멀리 떨어진 은하수들은 그 빛이 지구에 도달할 때만 우리가 알아볼 수 있어요. 다시 말해서 그것들의 이동 속도가 빛의 속도보다 느릴 때만 가능하다는 것이죠.

이런 사실들을 바탕으로 우주 수평선이라는 개념을 살펴보기로 합시다. 그것은 우리가 관찰할 수 있는 가장 먼 거리를 말하는데, 그 거리에서는 은하수들이 빛의 속도로 이동합니다. 이것을 '관찰 가능한 우주 반경'이라고 하지요. 이 거리는 우주의 시초부터 빛이 이동한 거리(137억 광년)와 비슷해요. 우주의 팽창을 감안해서 수학적으로 계산해보면 그 거리는 대략 두 배 정도(약 250억 광년)로 늘어나게 됩니다.

하지만 시간은 계속 흐르고 우주 수평선은 멀어지거든요. 수십억 년이 지나면, 우리는 훨씬 더 멀리까지 볼 수 있을 겁니다.

08
빛(우주 배경복사)의 화석:
우주 생성기의 생생한 모습

초고밀도와 초고온, 그것이 우주 생성기의 특징들이었어요. 그때 있었던 빛은 정말이지 엄청났지요. 물리학에 따르면, 어떤 물체의 온도가 높으면 높을수록 더 많은 빛을 발산한답니다. 우주 초기에 엄청난 섬광이 발생했는데, 그것으로써 우리는 우주 폭발이 있었다는 것을 추정해볼 수 있지요. 다만 어설픈 비유는 하지 않는 게 좋을 겁니다.

최초에 엄청난 섬광이 있었다는 우주관은 아마도 신화적이고 성경적인 냄새(성경 창세기에 나오는 '빛이 있으라'라는 구절)를 풍기기 때문에 20세기 전반기의 천문학자나 물리학자들에게 별로 환영받지 못했답니다. 게다가 이런 우주관은 상대적으로 제한된 관찰들, 예를 들어 은하수들의 거리와 속도를 측정한 자료들을 바탕으로 만들어졌어요. 따라서 이런 관찰들은 다른 방식으로도 해석될 수 있었지요.

1948년, 러시아 출신 천체물리학자 조지 가모프의 독창적인 연구 덕분에 위에 말한 우주 이론의 신뢰도가 상당히 높아지게 됩니다. 가모프는 다음과 같은 질문들을 해보았어요. "우주 생성기에 나타났던 그 강력한 섬광은 수십억 년이 지난 지금 어떻게 되었을까? 그 빛은 우주에서 완전히 사라진 것일까? 그것의 몇 가지 흔적들은 아직 남아 있지 않을까? 우주에서는 어느 것도 사라질 수가 없어!"

아인슈타인 이론을 바탕으로 여러 가지 계산을 해본 뒤에 가모프는 우주 생성기의 섬광이 지금도 희미한 상태로 남아 있다는 결론을 내렸지요. 그것은 최초 빛의 희미한 흔적과도 같은 것으로 일종의 우주 화석이라 할 수 있고, 이론적으로는 전파 망원경으로 관찰할 수 있다고 생각했답니다. 하지만 우주의 모든 별들이 발산하는 빛들과 그 최초의 빛을 구분할 수 있을까요? 가모프는 그 가능성에 대해 매우 회의적이었어요.

그런데 그 최초의 빛이 1965년에 드디어 관찰되었답니다. 원래는 인공위성들의 움직임을 감시하기 위해 설치된 신형 전파 망원경을 통해서 펜자스와 윌슨이라는 두 명의 엔지니어가 그 빛을 발견하고 본격적으로 연구하게 되었지요. 그 빛은 가모프가 예상했던 것과 정확하게 일치하는 것이었답니다.

이후 그 빛은 천문학에서 가장 중요한 연구 대상이 되었어요. 과학자들은 갈수록 정교해지는 기술로 그것을 연구하고, 가장 먼 과거의 우주 모습을 보다 더 선명하게 확인시켜줄 이미지들을 제작하고 있답니다. 생방송으로 보는 듯한 최초의 우주라니! 그것을 보여주는 것이 바로 2번 사진이랍니다. (이것은 합성되지 않은 진짜 사진이고 단지 색상만 인위적으로 조절한 것이죠.)

이 최초 빛의 존재는 빅뱅 이론을 아주 멋지게 확인시켜주었습니다. 그것은 우주 생성기에 대한 이론이 매우 신빙성이 높다는 사실을 과학자들에게 인식시켜주었지요.

이후에도 전혀 다른 분야(핵물리학과 원자 물리학)에서 이루어진 관찰들이 이 우주 이론의 신뢰도를 더욱 높여주었답니다.

다시 요점을 추리자면, 우주는 영원히 존재했던 것이 아니고, 나이를 먹어감에 따라 변화하고 있으며, 생성된 다음부터 차가워지면서 밀도가 낮아지고 희미해져가고 있습니다. 이와 관련된 연구들이 진척되면서 이론의 개념적인 틀은 상당 부분 수정될 수 있겠지만, 방금 이야기한 우주의 속성들이 변경될 가능성은 많지 않아요.

그럼에도 불구하고 이 이론이 아무런 문제가 없는 것은 아닙니다. 내적인 일관성 측면에서 여러 가지 문제가 있고, 많은 의문들에 대하여 해답을 제시하지 못하고 있거든요. 잊지 말아야 할 것은, 과학은 언제나 발전하는 과정에 있고 다른 모든 물리학 이론과 마찬가지로 빅뱅 이론도 결정적인 것은 아니라는 사실이에요. 과학이란 확실성과 진리의 세계라기보다는 개연성의 세계랍니다.

09

수소의 탄생

다시 빛(우주 배경복사)의 화석을 볼 수 있는 우주 사진 2번으로 돌아가보지요. 이것은 1965년 처음 발견된 이후로 점점 더 성능이 향상된 밀리미터파 전파 망원경들을 통해 수없이 관찰된 광경입니다.

이 빛은 우주가 약 40만 살이었을 때 발산되었는데, 그 당시 평균 온도는 섭씨 3천 도에 가까웠어요. 우주 생성기는 아니지만, 그래도 비교적 그 시기에 가깝다고 볼 수 있지요. 참고로, 현재 우주의 온도는 섭씨 영하 270도(절대 온도로는 3도)랍니다.

화석 광선이 발산된 시기는 최초의 수소 원자들이 우주에 나타난 시기와 일치합니다. 이전에는 우주의 온도가 너무 높아서 그 원자들이 존재할 수가 없었어요. 수소 원자를 구성하는 전자와 양자(53장과 54장 참조)들이 안정적으로 결합될 수가 없었기 때문이지요.

그 당시 우주는, 우리가 사용하는 형광등에서 볼 수 있는 것과 같은 플라즈마, 그것도 아주 거대한 플라즈마 덩어리와 비슷했어요. 화석 광선이 발산되었다는 것은 최초의 원자들이 우주에 나타났다는 것을 말해주는 것이지요.

10

은하수들의 씨앗

　빛(우주 배경복사)의 화석을 통해서 우리가 알 수 있는 것은, 당시의 우주가 원시적이고 상당히 통일된 모습을 띠고 있었다는 사실입니다. 우주의 온도는 어디서나 일정했고, 차이가 나더라도 평균 온도와 10만 분의 1 정도밖에 다르지 않았어요. 2번 사진에서 이런 온도의 차이(사진에서는 과장되게 표시되었지만)는 수많은 붉은색 점(더 높은 온도)과 파란색 점(더 낮은 온도)들로 나타납니다. 그와 반대로 현재의 우주에는 엄청난 온도 차가 존재해서, 어떤 별들은 온도가 수천 도에서 수십억 도에 이르지만 별들 사이 우주 공간의 평균 온도는 3도밖에 되지 않습니다. 앞에서 말한 대로, 우주가 계속 차가워지고 있다는 얘기지요.
　우주는 또한 밀도도 낮아지고 있답니다. 현재 우주의 밀도는 화석 광선이 발산되었던 시기의 10억 분의 1에 불과해요. 평균적으로 1평방미터당 수소 원자 50억 개의 밀도였던 것이 현재는 1평방미터당 5개의 밀도로 낮아졌지요.

2번 사진에 나오는 수많은 원색의 얼룩들은 은하수 성단이 생성된 장소들을 보여주고 있답니다.

온도와 밀도가 다른 곳보다 높은 붉은색 점들에서는 거대한 천체가 탄생하게 되는데, 은하수들의 '씨앗들'이라고 할 수 있지요.

중력에 이끌린 주변의 물질이 씨앗에 들러붙으면서 그 덩어리가 커지게 됩니다. 처음에 느리게 움직이던 눈덩이가 점점 빠른 속도로 불어나 눈사태를 일으키는 것처럼, 우주의 한 공간에 밀도가 높은 덩어리들이 생겨나면서 그 주변 물질은 밀도가 낮아지게 됩니다. 덩어리들은 결국 자체의 무게를 이기지 못해 해체되고 파편화되면서 최초의 은하수들과 항성들을 낳게 되지요. 다음으로 그 별들은 점점 더 수축되면서 빛을 발산할 수 있을 정도로 온도가 높아져, 현재 하늘에서 볼 수 있는 별들과 비슷한 상태가 됩니다. 최초의 별들은 빅뱅이 일어난 4억 년 뒤부터 빛나기 시작했다고 과학자들은 추정하고 있어요.

화석 광선의 사진이 현재 우주를 구성하는 모든 것들의 생성

이전 모습을 보여준다고 생각하면 감동적이기까지 합니다. 그 사진 속에 은하수들, 항성들, 행성들이 잠재된 상태로 숨겨져 있다고 생각하면…….

우리는 화석 광선보다 앞선 시기의 우주를 관찰할 수 있을까요?

이론상으로는 가능합니다. 하지만 지금의 천체 망원경들에 탐지되는 광자들보다 훨씬 더 침투성이 강한 입자들을 잡아낼 수 있어야겠지요. 가시광선이 우리 몸을 통과하는 X선과 다르듯, 중성미립자와 중력양자들은 훨씬 더 이전 시기의 우주를 관찰할 수 있도록 해줄지도 모릅니다. 중성미립자 천문학이 우주의 맨 처음 상태에까지 도달할 수 있게 해준다면, 중력 천문학은 빅뱅 그 자체를 관찰하도록 해주는 셈이지요.

하지만 이론보다는 기술적인 면에서 어려움이 있답니다. 가장 큰 문제는 우주 초기에 발생한 중성미립자의 에너지가 너무 약해서 우리의 측정 도구로 탐지하기가 매우 어렵다는 사실이에요.

중력양자의 경우에는 사정이 좀 나아서 미국과 유럽에서는 조만간 중력 망원경을 사용할 수 있게 된답니다. 우주탐험에 많은 기대를 걸게 해주는 천문학의 새로운 시대가 열리는 것이지요. 잘하면 우주 초기에 일어난 일들을 몇 년 안에 관찰할 수 있게 될 겁니다.

처음에는 아마도 항성이나 은하수들과 관련되는 비교적 최근 일들이 관찰되지만, 좀 더 시간이 지나면 우주 탄생의 최초 천 분의 1초 또는 백만 분의 1초에 관한 훨씬 더 오래전 일들을 관찰할 수 있을 겁니다. 모든 것이 가능해지는 거지요.

II

태초에는 열이 있었다.
그렇다면 그 이전에는?

빅뱅이 정말 우주의 시작일까요? 그것이 우주의 출생증명서인가요? 그 이전에는 아무것도 없었다는 게 가능한 얘기인가요? 이상이 빅뱅을 이야기할 때 흔히 나오는 질문들이지요.

우리 개개인의 탄생, 지구와 태양의 생성 등은 시간 속의 한 순간에 일어났으므로 하나의 연표 속에 기록될 수 있습니다. 그 사건들 이전에는 과거가 있었고, 이후 특정한 순간에 그 사건들이 일어난 것이지요. 이런 맥락에서 우주의 탄생은 어떤 식으로 이야기될 수 있을까요? 여기에는 분명 다른 사건과는 구분되는 특별한 면이 있을 겁니다.

이를테면 다음과 같은 질문들로 이야기를 시작해볼 수도 있을 것입니다. "원시 우주의 온도가 높았던 이유는 무엇인가? 은하수들의 이동과 우주 팽창의 원인이 되는 열에너지의 기원은 어디인가? 우주 폭발을 일으킨 '다이너마이트'의 정체란 무엇인가? 그것은 도대체 어디에서 오는 것인가?"

우리가 지금 알고 있는 것은, 그와 같은 열 혹은 열에너지가 원자에 관한 연구 속에서 발견된 현상들 때문에 생겨났다는 사실이랍니다.

자세히 설명하자면, 1920~30년대 물리학자들은 '양자역학'이라는 이론을 만들면서 원자들의 행태를 이해하는 데 성공했는데, 나중에 이 이론은 노다지에 버금가는 가치가 있다는 사실이 밝혀졌지요. 이것 덕분에 그때까지는 전혀 알려지지 않았던 '반물질'(48장 참조) 등의 수많은 현상들이 발견되었어요.

이 이론은 또한 '양자 에너지' 혹은 '진공 에너지'라 불리는 새로운 형태의 에너지들을 거론했는데, 우리에게 중요한 것은 그런 에너지들이 열로 바뀔 수 있다는 사실이지요.

빅뱅은 우주 전체에 퍼져 있는 일종의 양자 에너지가 열로 바뀌면서 일어난 현상인지도 모릅니다.

이 가설은 현재 대부분의 천체물리학자들에 의해서 진지하게 받아들여지고 있지요. 그만큼 실재와 일치할 수 있는 가능성이 많다고 보이거든요.

12
그 전에 양자 에너지가 있었다면, 그 이전에는?

흔히 '진공 에너지'라고 불리는 양자 에너지들이란 무엇일까요? 우리가 명심해야 할 것은 모든 과학 분야에서 사용되는 표현들의 의미는 어떤 경험이나 특별한 조작과 관계가 있다는 사실이에요. 여기에서는 모든 것이 이른바 '진공 만들기' 조작을 중심으로 진행된답니다.

본래의 의미를 따지자면, '진공 만들기'는 하나의 그릇 속에 존재하는 모든 것을 제거하는 일이지요. 이런 종류의 조작은 18세기에 시작되었는데, 펌프를 이용해서 실내의 공기를 빼내려고 했어요. 그 당시에는 단 하나의 공기 분자도 남아 있지 않을 때 진공상태에 이를 수 있다고 생각했습니다.

하지만 현실은 훨씬 더 복잡하다는 게 밝혀졌지요. 마지막 공기 분자를 빼내는 일이 성공하더라도, 그에 저항하는 잔여 에너지들이 있기 마련이에요. 그 에너지들은 광자, 전자 등과 같이 서로 상호작용하는 다양한 입자의 형태로 나타나며, 그 작용은 끝없이 지속되는 경향을 보입니다. 진공상태가 지속적으로 '윙윙거린다'라고 말할 수 있는데, 그런 입자들의 활동에 연관되는 에너지들이 바로 '양자 에너지' 또는 '진공 에너지'라 불리지요.

이런 잔여 에너지들은 우주 어디에나 존재하며, 우주 역사에서 특별한 역할을 담당했을지도 모릅니다. 특히 빅뱅의 순간에 있었던 초고온 열현상의 원인이었을 수도 있습니다.

이쯤에서 한 가지 지적하자면, 우주 전체에 영향을 미치고 우주의 전반적인 행태를 결정짓는 현상들의 발견은 미세한 원자들의 행태에 관한 연구 속에서 이루어졌다는 사실이에요. 무한히 작은 것과 무한히 큰 것은 서로 통한다고나 할까요?

보어, 하이젠베르크, 슈뢰딩거, 루이 드브로이와 같은 물리학자들이 발전시킨 양자 이론은 짧은 시간에 대단한 성공을 거두었답니다. 원자의 세계뿐 아니라 빛의 모든 속성들과 또 다른 많은 것들을 아주 명확하게 기술할 수 있었기 때문이지요. 그래서 '자연 전체는 양자역학적이다'라는 말이 과언이 아닐 정도가 되었답니다.

그러면서도 우리는 이 양자 에너지들이 어디에서 오는가라는 질문을 피해갈 수는 없습니다. 여기에 대한 대답은 시간을 좀 더 거슬러 올라가서, 아마도 빅뱅 이전의 시기로까지 우리를 안내해줄지도 모르겠어요.

빅뱅 이전부터 빅뱅이 일어나기까지 있었던 일련의 사건들을 재구성하기 위해 수많은 시나리오들이 제시되었습니다. 하지만 그 어떤 것도 관찰을 통한 확인이라는, 과학 이론의 피할 수 없는 유효성 검증테스트를 통과하지 못했어요. 현재로서는 그 어떤 이론도 사실로 확인되기를 (또는 무효화되기를) 기다리는 가설들일 뿐이지요. 결국 우리는, 21세기 초반 우리가 가지고 있는 지식의 지평을 뛰어넘어 순전히 미지의 땅을 탐험해야 하는 운명인 것입니다.

13
우주의 곡률

우주의 원시 상태에 대해 여러 정보를 주었던 사진 1, 2번으로 돌아가볼까요? 그 사진들은 보는 각도에 따라 또 다른 많은 정보들을 제공해줄 겁니다.

이번 기회에 우주의 크기에 대한 질문을 다시 해보기로 하지요. 우선, '끝이 없다'와 '무한하다'라는 두 단어를 구분할 필요가 있습니다. 지구는 무한하지는 않지만 끝이 없습니다. 지구 위를 비행하는 어떤 사람도 '지구의 끝'을 만날 수는 없어요. 무한히 계속해서 비행할 수는 있겠지만 똑같은 장소들 위를 반복해서 규칙적으로 날게 될 겁니다. 왜냐하면 지구의 표면은 공 모양과 같아서 끝은 없지만 무한하지도 않기 때문이지요. 이와 같은 지구 이야기는 13장의 주제를 다루는 데 필요하니 기억해두기로 합니다.

은하수들과 항성들과 지구는 거대한 우주 공간에 놓여 있답니다. 오늘날의 천문학은 우리가 우주 전체의 속성들에 대해 연구하고 우주의 모양에 대해 여러 가지 질문을 던질 수 있도록 해주었어요. 이는 과연 무엇을 의미할까요?

우선, 기하학의 기본 개념들을 다시 살펴보기로 하죠.

― 선, 면 그리고 입체가 있습니다. 하나의 선은 1차원의 공간이고, 면은 2차원의 공간, 마지막으로 입체는 3차원의 공간입니다.

― 곡선의 개념이 있습니다. 하나의 선은 직선일 수도 있고 곡선일 수도 있지요. 선의 곡률(곡선 또는 곡면이 휜 정도)은 여러 지점에서 다를 수가 있답니다. 그런가 하면 하나의 면은 여러분들의 책처럼 평평할 수도 있고, 공의 표면처럼 굽을 수도 있어요.

사람들은 오랜 동안 지구가 평평하다고 생각했지요. 그런데, 기원전 450년 그리스의 천문학자 에라토스테네스가 이집트의 알렉산드리아와 시에네(지금의 아스완) 사이를 오가며 낮 12시 태양의 서로 다른 위치들을 관찰함으로써 지구의 둘레를 측정하는 데 성공하고, 지구는 둥글다는 것을 입증했답니다. 오늘날 우주에서 찍은 지구 사진을 보면 그것을 확실하게 알 수 있지요. 지구의 곡률을 알려면 그 사진들을 관찰하는 것으로 충분하답니다. 다시 한 번 강조하지만, 관찰은 믿을 만한 해답을 얻는 데 핵심적인 역할을 해요.

여기까지는 전혀 어렵지 않은데, 이제부터 까다로운 부분이 시작될 겁니다. 선과 면들이 평평하거나 휘어질 수 있는 것처럼, 입체(3차원의 공간) 역시 평평할 수도 있고 휘어질 수도 있습니다. 이것을 발견한 사람은 19세기 독일의 위대한 두 수학자 가우스와 리만이었어요. 문제가 되었던 것은 휘어진 입체를 어떻게 묘사할 수 있느냐였는데, 당시로선 불가능했답니다. 하지만 우리의 지능은 그런 입체를 생각해내고 그것에 대해 수많은 계산들을 할 수 있지요.

그렇다면 1, 2번 사진이 보여주는 우주는 평평한 공간일까요 아니면 휘어진 공간일까요?

이제 초고속 로켓을 타고 은하수 사이를 항해한다고 상상해 보지요. 로켓의 유리창을 통해 멀리 보이는 은하수들을 관찰할 수 있을 겁니다. 만약 우주 공간이 평평하고 무한하다면, 계속해서 끊임없이 새로운 은하수들이 우리 시야에 들어오게 될 겁니다. 하지만 우주 공간이 끝이 있고 휘어져 있다면, 일정한 시간이 지난 뒤에는 휘어진 정도에 따라서 우리가 처음 보았던 은하수들이 줄줄이 다시 나타나는 것을 볼 수 있을 거예요. 지구 위를 날아다니는 비행기처럼, 우리는 똑같은 구역으로 다시 들어가겠지요. 그럴 경우, 지구와 마찬가지로 우주는 끝이 없지만 크기는 유한하다고 생각할 수 있을 겁니다. 물론 아직까지는 그런 여행이 불가능하지만, 상상을 통해서 우리는 평평한 공간과 휘어진 공간의 차이를 알 수 있습니다.

우주 공간에 관하여 우리가 확인할 수 있는 사실은 도대체 어디까지일까요? 우리의 안내자인 알버트 아인슈타인은 무슨 이야기를 했을까요? 두 가지 중요한 지적을 했답니다.

우선, 우주 공간이 실제로 곡률을 가질 수도 있다(휘어져 있다)고 말했지요. 다시 말해서, 우주 공간이 그렇지 않을 아무런 이유도 없고, 그것이 곡률을 가지고 있지 않다는 주장을 정당화할 어떤 증거도 없다고 말입니다.

다음으로, 적절한 관찰(20세기 초에는 불가능했지만)을 통해서 우주 공간의 곡률 값을 측정할 수 있을지도 모른다고 했습니다.

여기서 중요한 점은, 아인슈타인이 지구 표면(2차원의 세계)의 곡률을 측정한 반면, 우리는 지금 입체적인 우주 공간(3차원의 공간)의 곡률을 구하고 있다는 사실입니다. 한 가지 더 지적하자면, 우주 공간의 곡률을 상상하기 힘들다고 해서 그 곡률이 존재할 가능성까지 부정할 수는 없다는 사실입니다.

앞서 이야기한 에라토스테네스와 마찬가지로, 우리는 지금 우주 공간의 곡률을 측정할 수 있게 해주는 관찰 자료를 가지고 있습니다. 그것은 바로 2번 사진에 나타나는 화석 광선에 관한 연구이지요.

사진 속 붉은 점들(가장 온도가 높은 지역)과 파란 점들(가장 온도가 낮은 지역)의 분포에서 우리는 우주 곡률에 관한 정보들을 얻을 수 있답니다. 그 분포는 실제로 무엇을 말하고 있을까요? 다름 아닌 우주 공간의 곡률이 제로라는 것을 가르쳐준답니다. (관찰로 인한 오차 한계를 제외하면 거의 제로에 가깝지요.) '우주 공간은 평평하다'라는 말은 바로 그런 뜻입니다. (결코 간단하지 않은 계산들을 거쳐서 이런 결론에 도달했는데, 이 책에서는 계산에 대한 자세한 설명은 할 수가 없어요.)

여기까지 이해하기 어려웠던 이야기를 요약해보기로 하지요. 빅뱅 이론의 기초가 되는 아인슈타인 이론은 우주 공간이 휘어져 있을 수도 있다고 알려주었지만, 그 공간의 곡률 값에 대해서는 어떤 정보도 주지 않았습니다. 하지만 관찰 결과들(화석 광선에 대한 연구)을 통해서 우주 공간의 곡률이 제로(또는 거의 제로)라는 것을 알게 되었지요. 우주는 3차원의 공간 속에서 '평평한' 모양을 띠고 있는 셈입니다.

우주 공간에 대한 이같은 설명을 이해하기가 어려운가요? 물론 그럴 겁니다. 이쯤에서 독자 여러분께, 위의 이야기를 반복해서 여러 번 읽어보시라는 조언을 하고 싶군요. 모호한 부분과 친숙해지다 보면 그것을 더 잘 이해할 수 있게 되는 경우가 많으니까요.

14

거울 우주

 이번에는 우주 공간의 또 다른 속성에 대해서 알아볼 텐데 2번 사진과 관련한 연구가 도움이 될 겁니다. 앞에서는 우주의 기하학(모양)에 대해 이야기했으니까, 이제 우주의 위상학(공간의 위치 관계)에 대해 알아보기로 하지요. 주의할 것은, 이번 주제도 쉽지 않다는 점입니다. 그래도 한번 시도해볼 만은 하지요. 일단 성공하면 그 자체가 멋진 보상이 되어줄 테니까요.

 우선 개인적인 기억을 하나 이야기해볼게요. 어릴 적에 나는 규칙적으로 이발소에 가곤 했습니다. 당시 몬트리올에서는 머리 깎아주는 직업인을 '면도사'라고 불렀지요. 내가 사는 코트 데 네즈의 이발소들 중 한 곳이 특히 마음에 들었는데, 그곳의 벽은 거울들로 둘러싸여 있었어요. 그곳 문을 열면 무한한 공간이 펼쳐지는 기분이었죠. 어떤 벽을 보아도 이발용 의자들과 면도를 해주고 머리를 감겨주는 이발사들의 똑같은 모습이 수없이 펼쳐졌답니다. 손님들은 보는 각도에 따라서 자신의 앞모습, 뒷모습 그리고 옆모습을 모두 볼 수 있었어요. 물론 그것이 착시의 결과라는 사실은 모두가 알고 있었지요. 이발소는 별로 넓지 않아서 의자 네 개에 네 명의 이발사가 전부였는데, 거울을 통해 보면 그 수가 한없이 늘어났습니다. 그래서 마치 수천 명의 사람들과 더불어 있는 느낌이었지요.

20세기 초 천체물리학자들은 우주가 제한된 공간을 차지하는 아주 적은 수의 은하수들만으로 이루어져 어느 정도 거리를 벗어나면 똑같은 은하수들이 다시 나타나고, 좀 더 멀리 가면 그것들이 또다시 보이는 현상이 무한정 반복되는 상황을 상상했답니다.

물론 우주에는 내 어릴 적 이발소와 같은 거울들이 없어요. 하지만 몇몇 수학자들은 우주의 몇 가지 속성들이 거울과 같은 역할을 해서, 다시 말해 어떤 광원(빛의 원천)의 이미지들을 되풀이해 나타나도록 하여, 사실은 그렇지 않지만, 무한한 공간이라는 느낌을 갖게끔 한다는 걸 입증했답니다. 일종의 신기루가 다른 신기루를 만들어내고, 계속해서 또 다른 신기루, 다시 또 다른 신기루로 이어지는 현상은 우주 공간의 '위상학적인' 속성들과 관련되지요.

앞에서 말한 이발소의 거울들은 다른 방식으로 설치될 수도 있을 겁니다. 상상력이 풍부한 이발사라면 거울들의 배치를 달리함으로써, 삼각형 피라미드, 팔각형 또는 공 모양의 이발소를 만들 수도 있을 거예요. 그러면, 벽에 붙은 거울의 반사는 완전히 달라져서 내 어릴 적 이발소와는 전혀 다른 모습들을 연출하게 될 겁니다.

이런 식으로 우주 공간에 관한 수많은 위상학이 존재할 수 있는데, 그것들은 은하수들이 가지는 매우 다양한 모습들을 보여준답니다. 그중 어떤 것은 이발소의 거울과 비슷한 효과를 낼 수도 있을 거예요. 다시 말해서 동일한 은하수의 이미지가 아주 많이 반복되는 경우 말입니다. 예를 들어, 1번 사진에서 멀리 보이는 은하수들은 우리가 사는 은하수의 환영들이라고 상상할 수도 있어요. 그 경우, 우리가 보는 것은 우리 은하수의 현재 모습이 아닌, 먼 과거의 모습일지도 모릅니다. 실제로 우리 은하수에서 아주 멀리 떨어진 은하수의 이미지라면, 그것이 발산한 빛이 지구까지 도달하는 데 많은 시간이 걸렸겠지요. 결국 우리는 수십억 년 전 우리 은하수의 모습까지도 확인할 수 있을 것이고, 그런 이미지들이 많이 있다면 역사상 여러 시기에 걸친 우리 은하수의 다양한 모습들을 재구성해볼 수도 있을 거예요.

전체 우주 공간을 놓고 본다면, 그것은 '아무 거울도 없는 상태'의 가장 단순한 경우부터 상상할 수 있는 모든 모양에 이르기까지, 수많은 위상학들과 관련지어볼 수 있을 겁니다.

사실을 확인하기 위해 우리는 어떤 시도를 할 수 있을까요? 제일 먼저 1번 사진에 나오는 멀리 떨어진 은하수들을 관찰하면서 똑같은 모양의 은하수들이 있는지를 검토할 수 있을 겁니다. 예를 들어, 만약 우리 은하수에서 가장 가까운 은하수들 중 하나인 안드로메다 은하수의 이미지가 더 먼 곳에서, 또 더 먼 곳에서 계속 발견된다면, 그것은 우주 공간의 위상학적 속성에 관해 뭔가를 알려주는 유력한 관찰 자료가 될 겁니다. 하지만 현재 우리 수중에 있는 우주의 이미지들은 너무 불명확해서 확실한 판단을 내릴 수가 없어요. 우주 망원경의 선명도를 대폭 개선할 필요가 있습니다.

반면 2번 사진은 우리에게 더 많은 희망을 줍니다. 그 사진 속 고온의 점들과 저온의 점들이 만드는 그림을 통해 우주의 전체 모양을 알게 될 수도 있을 거예요. 그 점들의 분포 상태에 대한 연구가 활발히 진행되고 있는데, 지금까지의 연구 결과만으로는 자세한 정보를 얻기가 힘들죠. 하지만 새로운 고성능 우주 전파 망원경이 설치되면 우리 우주가 이른바 거울 우주일 가능성이 있는지도 알게 될지 모릅니다. 거울 우주라면, 이발소 이야기에서 보았던 것처럼, 우주가 무한하지 않다는 것을 의미하는 거겠죠. 그렇지만 지금까지는 확인되지 않은 이야기일 뿐입니다. 우주 공간이 단순한 모양인지 아니면 복잡한 모양인지, 그리고 우주가 무한한지 아니면 유한한지 아직은 알 수가 없어요. 그래서 여전히 이런 질문들을 놓고 사람들은 툭하면 내기를 하는 거겠죠.

15
보이는 것은 우주물질 5%뿐

　허블 천체 망원경으로 찍은 1번 우주 사진을 다시 보기로 하죠. 이것은 아득히 먼 거리에 있는 은하수들을 포함해서 우주의 모습을 최대한으로 보여주는 사진입니다. 우주의 속성과 행태에 대해 이미 너무도 많은 정보를 제공했던 이 사진은 그것이 보여주지 않는 것을 통해서 또 다른 정보를 알려주고 있어요.

　여기 현대 우주론의 가장 커다란 수수께끼를 만나게 되는데, 1번 사진에서 우리가 보는 것은 실제 우주에 있는 것들의 5%도 채 되지 않는다는 사실이 밝혀졌답니다. 다시 말하면 우주물질의 약 95%는 망원경으로 볼 수가 없다는 얘기지요. 비유하자면, 바다 위를 비행하면서 바닷물은 보지 못하고 파도의 흰 거품만 보는 것과 비슷합니다. 이러한 사실은 연구자들의 호기

심을 자극하지만, 우리가 사는 세상에 대해 거의 모든 것을 안다고 말하는 사람들에게는 당혹스럽기 그지없는 일이겠죠.

그런데 우주물질의 95%를 볼 수 없다면, 그것들이 존재한다는 것은 어떻게 알 수 있을까요?

제일 먼저 지적할 수 있는 것은, 우주물질이 다양한 방식으로 우리에게 드러난다는 사실입니다. 첫 번째로는 빛을 발산하는 방식, 다시 말해서 광자를 방출하는 방식이 있지요. 항성이 바로 여기에 해당합니다. 그 별에서 방출된 입자들이 우리 지구까지 여행을 하지요. 우리의 탐지 장치들(두 눈과 카메라 필름 등)이 그것들을 포착하기에 1번 사진에서처럼 은하수들이 존재한다는 사실을 알 수 있지요.

이런 방식으로 지각할 수 있는 물질을 '일반물질'이라고 부른답니다. 이 물질은, 여러분과 나처럼, 전자, 양자 그리고 중성자(52장 참조)로 이루어져 있는데 이것들이 모여 원자를 구성합니다. 위에서 말한 대로, 일반물질은 우주의 5%밖에 되지 않아요. 그런데 어떤 물질의 존재는 그 물질이 주변에 미치는 중력 작용에 의해서도 드러날 수가 있지요. 이런 현상을 설명하기 위해서 다음과 같은 상황을 상상해보기로 합시다. 오늘 밤 태양이 어두워져서 내일 아침에는 더 이상 빛을 발하지 않는다고 말입니다. 그렇게 되면 태양이 여전히 그 자리에 있다는 것을 어떻게 알 수 있을까요? 비록 빛나지 않아도 태양은 여전히 지구를 끌어당길 것이고, 지구는 지치지 않고 계속해서 태양 주위를 1년 내내 회전할 것이 아니겠습니까.

같은 맥락에서, 밤하늘의 별자리들을 관찰해보면 다음과 같은 사실을 확인할 수 있습니다. 그것들이 언제나처럼 자기 계절이 되면 지금 있는 자리로 돌아올 것이며, 그 이동 코스는 전혀 변하지 않은 채 앞으로도 계속 유지가 될 거라는 사실.

실제로 뉴턴과 아인슈타인 때부터 모든 물질은 어떤 성질을 띠건, 빛을 발하건 발하지 않건 상관없이, 주변에 있는 물체에 중력의 작용을 미치는 것으로 알려져왔습니다. 그 힘이 만물의 움직임을 통제하고 있는 것이죠. 따라서, 어떤 물체들이 중력의 영향하에 빛을 발할 경우, 그것들을 끌어당기는 보이지 않는 물질이 존재함을 간접적으로 알 수 있답니다.

이런 방식으로 천문학자들은 우리 은하수 가운데 블랙홀이 있다는 사실을 알아냈습니다. 마찬가지로, 우주 밀도의 대부분을 차지하는 보이지 않는 물질의 존재도 발견하게 되었어요. 그것들은 파도의 거품 아래에 있는 거무스름한 바닷물에 비유할 수 있지요.

그런 물질에 두 가지 종류가 있다는 사실이 밝혀졌는데, 하나는 '암흑물질'이라고 하고 다른 하나는 '암흑에너지'라고 부른답니다.

16
암흑물질은 어떻게 발견되었을까?

 암흑물질('보이지 않는 물질'이라고도 불리는)의 존재는 지금으로부터 70년도 더 거슬러 올라간 시점에 스위스 천문학자 프레드 츠비키가 예측을 했는데, 그 이후 점차 사실로 확인되었답니다.

 츠비키의 연구 방식을 이해하기 위해 다음과 같은 예를 들어 보기로 하죠. (뉴턴 때부터 알고 있듯이) 달이 지구 위로 떨어지지 않는 것은 그것이 지구를 중심으로 공전 궤도를 돌기 때문이지요. 지구 주위를 도는 달의 속도는 그것을 끌어당기는 지구의 인력을 거스르는 데 필요한 원심력을 정확하게 제공해 줍니다. 만약 달이 지금보다 더 빠른 속도로 돈다면, 우주 속으로 빠져나가 아예 사라져버리고 말 거예요. 한편, 지구가 지금보다 더 크고 달과의 거리에 변화가 없다면, 현재와 같은 힘의 균형을 유지하기 위해 달은 더 빠른 속도로 움직여야 할 겁니다. 이런 원리를 바탕으로, 달의 공전 속도를 통해서 지구의 질량을 측정할 수가 있지요. 나아가 지구의 공전 속도를 계산해서 태양의 질량까지도 알아낼 수 있습니다.

이런 계산 원리는 은하수의 중심 주변을 도는 항성들의 궤도에도 적용될 수 있어요. 예컨대, 태양은 우리 은하수의 중심 주변을 초속 약 2백 킬로미터의 속도로 돌면서 2억 년의 공전 궤도를 그리고 있답니다.

하지만 이 경우에는 한 가지 문제가 있는데, 항성들을 자기 중심 쪽으로 끌어당기는 은하수의 가시적인 질량(항성, 성운 등등)만으로는 그 항성들이 공전 궤도를 유지하는 데 충분치 않다는 점입니다. 그것이 유지되기 위해서는 항성들과 은하수 중심 사이에 포함된 질량이 현재 눈에 보이는 것의 열 배 이상 되어야 하지요. 달리 말해서, 은하수가 만약 우리 망원경을 통해 보이는 항성들과 성운들만을 가지고 있다면, 그 항성들은 재빨리 은하수를 빠져나가 은하수들 사이의 우주 공간 속으로 날아가버린다는 얘깁니다. 이 문제는 비슷한 연구가 진행된 다른 은하수들의 경우에서도 확인이 되었지요.

그렇다면 어떤 결론을 내려야 할까요? 은하수들은 틀림없이 눈에 보이지 않는(다시 말해 광자를 방출하지 않는) 또 다른 성분을 포함한다고 여겨지는데, 그것은 항성들과 성운들의 총량보다 질량이 열 배 더 크고, 우리에게 친숙한 물질과 마찬가지로 주변에 있는 물체들을 끌어당기는 속성이 있지요. 이를 일컬어 '암흑물질'이라고 한답니다.

항성들의 움직임이 아니라, 은하수들 자체의 움직임을 관찰한 과학자들도 질적이고 양적인 면에서 동일한 결론에 이르렀어요. 다시 말해, 질적인 면에서 눈에 보이지 않는 물질이 있다는 것이고, 양적인 면에서는 보이지 않는 물질의 질량이 보이는 물질보다 열 배 더 크다는 것이지요.

그럼 이 기이한 성분의 속성은 무엇일까요?

17
암흑물질의 존재에 대한
비판적 시각

　새로운 이야기를 꺼내기 전에 먼저 앞선 이야기를 요약해보지요. 여러 가지 관찰들을 통해서 우주 전체에는 '암흑물질'이라고 하는 신비한 물질이 있다는 결론을 내렸는데, 이 물질 때문에 항성들은 그들이 속한 은하수의 중심 주변을 빠른 속도로 공전합니다. 이 물질은 주변 물체들을 끌어당기는 힘을 행사하는데 그 인력을 통해서만 간접적으로 우리에게 드러난다는 사실 이외에는 그것의 성질에 대해 아무것도 알려진 것이 없지요. 천문학 연구들에 따르면, 이 물질은 우주 질량 전체의 4분의 1을 차지한다고 해요.
　여기서는, 암흑물질에 대한 지금까지의 주장을 비판적 시각으로 바라보면서 그 타당성을 저울질해보는 것이 중요합니다.
　먼저 이 주장의 근거는, 보이지 않는 질량 성분을 가정할 때에만 은하수의 핵을 중심으로 빠르게 도는 항성들의 움직임이 설명된다는 사실입니다. 이는 중력 이론이 태양계(직경이 1광년 이하)뿐 아니라 은하수들(직경이 수천 광년)에 대해서도 유효함을 뜻하는 것이죠. 태양계 내에서는 관찰을 통해 충분히 확인되는 현상도 더 높은 단위인 은하계 내에서 그렇지 못하다면 얘기는 전혀 달라지겠죠. 그 사실만으로도 부정확한 가설에 머물고 말 테니까요. 과학에서 섣부른 확대 해석은 언제나 위험한 일이기에 반드시 확인할 필요가 있답니다.

이 문제는 물리학자들에 의해 자세히 연구되었어요. 그 연구 결과들이 결정적인 것은 아니지만(과학 연구에서는 어느 것도 전적으로 결정적인 것은 없음), 중력 이론이 우주의 가장 큰 단위들(은하계)에서도 공히 적용됨을 믿을 수 있을 만한 충분한 근거들이 있답니다. 따라서 우리 눈에 보이는 것보다 더 많은 물질의 존재가 불가피하다는 것은 신빙성이 높은 생각으로 받아들일 수 있어요.

단 하나의 관찰(여기서는 항성들의 속도 측정)을 바탕으로 새로운 개념(여기서는 암흑물질)을 만들어내는 방식이 언제나 만족스러울 수는 없지요. 알렉산드리아 시대를 예로 들면, 혹성들의 운동을 설명하면서 어려움에 부닥칠 때마다 '주전원(코페르

니쿠스 이전에 혹성의 불규칙 운동을 설명하기 위해 고안한 원)'이라고 하는 새로운 공전 궤도를 고안해내곤 했어요. 이렇게 만들어진 일련의 주전원들은, 코페르니쿠스가 혹성의 궤도들이 원형이 아닌 타원형임을 증명한 뒤에야 사라졌지요. 이렇듯, 과학 연구 과정에서 도입된 새로운 개념들은 언제나 임시적인 것으로 간주되어, 철저하게 평가되고 입증될 필요가 있지요.

한데 다행스럽게도 암흑물질의 존재는 다양한 관찰들을 바탕으로 하는 또 다른 연구 방식들을 통해서 확인될 뿐 아니라, 그 밀도까지 추정할 수가 있답니다. 여러 차례 비슷한 결과가 나오고 있는데, 그 물질이 우주 전체 밀도의 약 25%를 차지하는 것으로 추정되지요. 이렇듯 비슷한 결과들이 나오게 되면, 그런 물질이 존재한다는 사실을 그만큼 진지하게 받아들일 수 있지요.

그럼 암흑물질은 과연 무엇으로 구성되어 있을까요?

공기와 같은 가스 형태의 입자들일까요? 그렇다면 그것들은 극도의 불연속성을 띠어, 빛을 발산하지도 흡수하지도 않을 겁니다. 일반물질과의 상호작용 또한 극히 미미한 정도라 여겨지는데, 만약 그렇지 않다면 현재의 연구 기술로도 일찌감치 그 전모를 밝혀낼 수 있었겠지요.

그 신비한 입자들을 발견하고 확인하기 위한 연구들이 세계 이곳저곳에 설치된 입자가속기들의 도움으로 계속 진행되고 있답니다. 입자 검출 수준을 지속적으로 끌어올리기 위해 가속기들의 정밀도를 높이려는 노력이 이어지고 있지요. 그와 동시에, 현대 물리학의 틀 안에서 그 입자들의 정체를 밝혀내려는 이론적 노력 또한 꾸준히 계속되고 있답니다. 하지만 아직까지는 특별한 결과가 나오지 않고 있어요. 앞으로 풀어가야 할 또 하나의 숙제인 셈이지요.

18
암흑에너지의 발견

 이번에는 우주의 밀도를 구성하는 두 번째 성분 즉, 암흑에너지에 관해 알아보기로 하지요.

 암흑에너지의 발견은 지난 10년의 우주론에서 가장 주목할 만한 사건들 중의 하나였습니다. 전혀 예상치 못한 것이어서, 모든 천문학자들을 놀라게 했지요.

 이제 그 이야기를 해볼까요? 1번 우주 사진을 다시 보기로 하죠. 에드윈 허블은 은하수들이 후퇴 운동의 영향을 받는다는 것을 보여주었습니다. 은하수들은 모두 서로에게서 멀어지고 있어요. 그런데 은하수들이 서로에게 인력을 미친다는 것이 이미 알려진 터라, 당연히 그것들의 속도가 시간과 더불어 감속하리라는 것을 예상할 수 있었어요. 수직으로 솟구친 조약돌이 속도가 느려지면서 멈춘 다음 방향을 바꾸어 자신을 끌어당기는 지구를 향해 다시 떨어지는 것과 마찬가지로 말이죠. 천체물리학자들 관점에서 이러한 감속현상은 대단히 중요하게 다루어야 할 문제이지요. 과연 어떤 방식으로 접근해야 할까요?

아이디어는 간단합니다. 어떤 은하수의 속도를 측정한 다음, 빅뱅 이후로 그 속도가 일정할 경우에 은하수가 이동했을 거리를 계산하는 겁니다. 그러고 나서 계산된 거리와 측정된 거리를 비교하는 거지요. 이때, 예상했던 감속현상 때문에 해당 은하수는 감속되지 않았을 때보다 더 가까운 위치를 점하고 있겠죠. 그 두 지점 사이의 편차는, 우주의 다른 모든 은하수들의 인력으로 초래된 특정 은하수의 속도 저하에 대한 정보를 담고 있을 겁니다.

이것과 관련된 최초의 관찰들이 1995년에 이루어졌는데, 아주 놀랍게도 은하수들은 그들의 속도가 일정했을 때 예상된 위치보다 더 가까운 곳이 아니라 오히려 더 먼 곳에 위치하는 것으로 밝혀졌답니다. 과학계는 이 결과에 대해 회의적인 반응을 보이며, 측정에 오류가 있었던 것이 아닌지 의심했어요. 모든 것을 확인하고 조목조목 검증해보았지만 아무 소용이 없었지요. 결국 관찰 결과들은 계속 유지가 되었습니다. 비슷한 시기 다른 천문학 연구팀이 동일한 측정을 해보아도 완전히 같은 결과가 나왔어요. 과학 분야에서는 서로 다른 독자적 연구팀에 의해 축적되는 측정 결과들을 매우 중요하게 생각하는데, 그 측정이 과학지식에 중요한 정보를 제공해줄수록 더욱 그러하지요.

이제 다음 질문으로 넘어가보죠. 은하수들이 계속해서 더 빨리 이동하도록 만드는 반발력의 정체는 무엇일까요? 앞에서 예상했던 감속 대신 가속이 확인되는 경우 말입니다. 은하수들 사이의 인력을 약화시킬 정도로, 그보다 더 강력한 힘이 분명 존재하기에 하는 얘깁니다. 이런 관찰 결과들로 인해 우리는 우주를 구성하는 새로운 성분이 있다고 생각하는 거지요. 이러한 성분이 바로 '암흑에너지'라고 하는 건데, 암흑물질과 달리 이것은 끌어당기는 힘이 아니라 반발력을 의미합니다.

19
암흑에너지에 대한 비판적 시각

 암흑물질에 대해서와 마찬가지로, 이번에는 암흑에너지라는 새로운 개념을 비판적으로 살펴보도록 하죠. 서로 다른 기술들을 이용한 다양한 관찰들이 동일한 결론에 이른다는 사실을 통해서 이 에너지의 존재를 확인할 수 있을까요? 대답은 긍정적인데, 완전히 다른 두 가지 방식으로 확인될 수 있답니다.
 첫 번째 방식은 우주 공간의 모양(13장 참조)과 관계가 있지요.
 아인슈타인의 상대성 이론이 성공했던 이유 중 하나는, 공간의 모양과 그 안에 있는 물질의 농도 사이에 밀접한 관련이 있음을 발견했기 때문이랍니다. 따라서 우주 공간의 평평한 모양은 모든 성분들을 포함하는 우주 전체의 밀도를 추정할 근거가 되어주지요. 암흑물질의 밀도는 1평방미터당 다섯 개의 수소(일반물질인) 원자가 있을 때의 밀도에 상응하는 것이랍니다. 다시 말해서, 우주 밀도의 5%에 해당하는 수소 원자에 견주어, 암흑물질의 비중은 그것을 다섯 개 합친 25%에 지나지 않는다는 뜻이지요.

두 번째 방식은 우주의 곡률(휘어진 정도)이 제로라는 것을 알려주는 화석 광선과 관련 있는데, 이는 우주 공간이 일정한 밀도의 물질과 에너지를 포함하고 있다는 사실에 근거합니다. 일반물질(5%)과 암흑물질(25%)을 합산하면 평평한 모양의 우주가 필요로 하는 밀도에 비추어 상당히 부족한 수치가 나오지요. 게다가 가장 멀리 떨어진 은하수들의 거리를 계산해보면, 그것들이 예상보다 빠른 속도로 멀어지고 있음을 알 수 있습니다. 이런 현상을 설명하기 위해 필요한 암흑에너지의 밀도를 계산해보면 70%가 나옵니다. 따라서 단순한 덧셈을 통한 일반물질(5%), 암흑물질(25%) 그리고 암흑에너지(70%)의 총합만으로도 우주의 모양을 설명하는 것이 가능함을 알 수 있어요. 모든 계산이 기분 좋게 맞아떨어지는 셈이죠.

위의 두 방식 이외에 세 번째 방식도 있는데, 이것은 은하수들이 방출하는 X선에 대한 최근 연구와 관련이 있어요. 자세히 말할 수는 없지만, 그 연구 결과의 분석을 통해 암흑에너지의 존재와 밀도를 확인할 수 있답니다.

요약해보면, 서로 다른 기술들에 의해서 발견된 세 가지 다른 현상들(은하수들의 가속, 우주의 모양, 은하수들의 X선 방출)이 우리를 같은 결론으로 이끈 셈입니다. 즉, 우주의 주성분(전체 밀도의 70%)을 이루는 암흑에너지가 존재한다는 사실 말입니다.

불과 10년 전에 발견된 암흑에너지는 이제 우주론의 기본 개념이 되었지요.

20

암흑에너지의 성질

 이 에너지에 관해 우리가 확실히 알고 있는 유일한 속성은 은하수들에 대해서 반발하는 힘으로 작용한다는 것이랍니다. 바로 그 힘 때문에 에너지의 존재 자체를 눈치채게 된 것이지요. 그렇다면 보다 구체적으로 어떤 정의를 내릴 수 있을까요? 현재로서는 몇 가지 가설을 세우는 것 외에는 할 수 있는 것이 없답니다.

 우선, 아인슈타인의 일반 상대성 이론(41장 참조)에서 그런 에너지의 존재 가능성을 예상했지요. 별들에 대해 인력(뉴턴의 만유인력의 법칙 - 떨어지는 사과)을 행사하는 에너지 말고 그것들 사이에서 반발력을 행사할 수 있는 또 다른 에너지가 있을 수 있다고 생각했어요. 하지만 이런 가정이 허황되지 않다고 단언할 결정적인 근거를 찾지 못했고, 그런 에너지의 존재를 확실히 입증한 것도 아니었지요.

여기서 다시 양자 에너지들(21장 참조)의 개념으로 돌아가게 되는데, 이것들은 우주 생성기에 있었던 열과 은하수들의 가속 팽창을 초래한 원인으로 추정되기도 합니다.

이 가속 팽창과 관련해서는 그것을 유발하는 서로 다른 두 가지 요인을 구분할 필요가 있어요. 아인슈타인 이론에서 가속 팽창은 시공간에 '내재하는' 곡률과 관련 있는 반면, 우주의 물질, 에너지 성분과는 아무 상관이 없는 우주의 기본 성질 중 하나입니다. 다른 표현으로 '우주 상수'라 부르기도 하지요. 한편, 양자 물리학에서는 양자의 장에너지들과 관련이 있어요. 원칙적으로 방금 이야기한 두 가지 요인은 서로 다른 관찰 자료들을 제공함으로써, 우주 가속 팽창의 진짜 원인을 발견할 수 있도록 해줄지도 모릅니다. 현재로서는 그 원인을 알 수 있는 방법이 없지만 연구들은 계속 진행이 되고 있어요.

빅뱅 이론에 따르면, 암흑에너지가 우주에 대해 미치는 영향은 시간이 갈수록 증가합니다. 은하수들이 점점 더 빨리 이동해서 점점 더 멀어지게 되지요. 그 때문에 천체 망원경으로 은하수들을 관찰하는 일은 갈수록 어려워질 겁니다.

결국 가장 멀리 있는 은하수들은 우리의 우주 수평선을 넘어가서 보이지 않게 되겠지요. 하늘에 보이는 은하수들의 수가 점점 줄어들 겁니다. 다시 말해, 1번 사진에서 보이는 별들의 수가 점점 적어지는 것이죠. 그렇다고 놀랄 필요는 없습니다. 앞으로도 수백만 년은 지나야 이런 감소 현상을 실제로 알아차릴 수 있을 테니까요.

암흑에너지가 우주의 움직임을 지배함에도 우리는 왜 그 반발력을 느낄 수 없는 걸까요? 일반물질과 암흑물질의 인력은 물체들과의 거리가 가까운 만큼 강하게 작용하는 반면, 암흑에너지의 반발력은 물체들이 멀리 있을수록 강하게 작용하기 때문입니다. 실제로 반발력은 수십억 광년 떨어진 거리에서나 느껴질 수 있기 때문에 우리가 몸으로 느낄 가능성은 전혀 없지요.

21
양자 에너지의 수수께끼

앞에서 본 것처럼, 원자 물리학(양자 물리학)에선 양자 에너지의 존재를 추정합니다. 그 경우, 은하수들의 가속 팽창을 설명할 수 있을 만큼 양자 에너지의 밀도가 큰지 여부를 알아내는 것이 중요한 문제가 되지요. 한데 불행하게도 현대 물리학의 수준으로는 이것을 아직 정확히 계산할 수가 없어요. 이런 사실은 과학 이론들이 여전히 불완전하고, 많은 본질적 요소들이 미지의 상태에 머물러 있다는 것을 다시 확인시켜줍니다.

그럼에도 연구를 진척시키기 위해 물리학자들은 여러 시나리오를 만들었는데, 그중 제일 인기 있는 것이 바로 '초끈 이론'입니다. 이 이론에서는 우주가 10차원의 공간이며, 그중에서 3차원(우리가 살고 있는)만 팽창하고 나머지는 우리가 지각할 수 없을 정도로 압축되어 있다고 가정하지요. 이론상으로는 이를 통해 우리가 원하는 계산을 할 수 있을지 모르지만, 모든 과학자들에게 인정받지는 못하고 있어요. 아직은 관념적인 부분이 많은 이론이라 실험실에서 입증되지는 못하고 있는 것이죠. 다시 말하지만, 하나의 가설이 신뢰를 얻기 위해서는 실험을 통해 증명되는 것이 가장 중요하답니다.

그럼에도 불구하고, 우주의 가속 팽창이 양자 에너지들에 의해 유발될 가능성은 얼마든지 있어요.

이쯤에서 우주 속 양자 에너지들의 밀도 값을 계산하다가 부닥쳤던 돌발 상황들을 이야기해보는 것도 흥미로울 듯합니다. 처음 몇 번의 계산들은 그 결과가 너무 엄청나서 우리가 살아 있다는 것이 말이 안 될 지경이었답니다. 그 내용대로라면 우주는 몇 초밖에 지속되지 않았을 거라네요. 이론상으로 심각한 하자가 있었던 셈이죠.

그러다가 이 밀도 값이 양의 질량과 음의 질량을 포함하므로 그 값이 0이 될 수도 있다는 것을 알게 되었답니다. 이 경우 가속 팽창이 있을 수가 없다는 얘기죠.

그런데 은하수들의 가속 팽창에 대한 관찰들을 보자면, 양자 에너지들의 밀도 값이 아주 크지도 않고 0도 아니랍니다. 왜 그런 값이 나오는지에 대해서는 아무것도 알려진 게 없고요.

또 하나 깨달은 것은, 이 밀도 값이 조금 더 컸다면 우주의 가속 팽창이 은하수들의 생성을 억제해서 항성도 혹성도 지구의 생명체도 나타날 수가 없었을 거라는 사실입니다.

다른 한편으로 우주 가속 팽창이 양자 에너지와 전혀 다른 것과 관련될 가능성도 있답니다. 이른바 '제5원소(아리스토텔레스가 사용했던 용어)'라 불리는 물질인데, 관찰들을 통해 확인된 반발력(척력)을 우주에서 행사할지도 모르는 또 다른 물질에 대한 가설이 많은 과학자들에 의해 제기되었습니다.

이것과 관련해서도 여러 연구 프로그램들이 준비되고 있는데, 그 결과 몇 년 후에는 암흑에너지에 관한 더 많은 정보가 축적됨으로써 그것이 양자 에너지에 해당하는지 아니면 신비로운 제5원소에 해당하는지 알 수 있을 겁니다. 만약 후자의 경우라면, 제5원소의 개념이 정식으로 물리학에서 인정받는 계기가 되는 셈이죠.

22
우주의 최고 온도는 몇 도였을까?

 허블이 수행한 관찰과 상대성 이론은 현재 대부분의 천체물리학자들이 인정하는 빅뱅 시나리오의 토대가 되었습니다.
 빅뱅 이론의 주장들 중에 특기할 만한 것 하나는 최초의 초고온 상태에서 우주가 점점 식어간다는 점입니다. 하지만 과학은 질적인 주장에서 양적인 연구로 넘어가는 것을 좋아하니까 다음과 같은 질문이 가능하겠죠. '과거에 우주의 온도는 몇 도까지 올라갔을까?', '이 주제에 관한 주장들은 확인 가능한 증거를 갖추고 있을까?'
 천체물리학자들의 작업은 어찌 보면 유적들을 바탕으로 과거를 기술하는 선사학자들과 비슷하답니다. 즉, 유적들을 발굴해서 연구 대상이 되는 시대에 지배적이었던 생활환경을 재구성하는 방식 말입니다. 천체물리학에서도 마찬가지로 여러 가지 화석들이 우주의 과거를 이해할 수 있도록 해준답니다.

1965년에 발견된 광자의 '화석 광선'(8장 참조)이 우리의 첫 번째 우주 화석이었습니다. 이 광선은, 과거에 우주가 매우 고온이어서 우주물질이 광자와 전자의 플라즈마 형태로 존재했다는 사실을 알려줍니다. 그것은 또한, 우주 공간을 개별적으로 떠돌던 입자들로부터 최초의 수소 원자들이 형성되던 순간을 보여주지요. 그 경우, 우주의 온도는 아마 3천 도가 넘어야 했을 겁니다. 우주의 나이는 40만 년이 갓 넘은 상태였을 테고요.

두 번째 화석은 수소 원자 집단과 헬륨 원자들의 집단이에요. 헬륨은 우주 초기에는 존재하지 않았는데, 연속적인 핵반응에 의해 양자들(수소의 핵)로부터 형성되었답니다. 이때 10억 도가 넘는 온도에서만 핵반응이 자체적으로 발생한다는 사실에 근거하여 우주의 온도가 그 정도로 높았을 거라는 새로운 사실을 추정할 수가 있지요. 우주가 생성된 지 몇 분밖에 지나지 않은 시점의 이야기입니다.

아래 소개한 두 건의 관찰도 최초 우주에 대해 알려주는 화석 역할을 하는데, 온도가 더 높았던 이전 순간으로 보다 더 가까이 다가갈 수 있게 해줍니다.

1. 우주물질 속의 광자의 수가 전자의 수보다 백억 배 많다.
2. 은하수와 항성들은 주로 일반물질로 구성되며 반물질은 존재하지 않는다.

확실하게 증명할 수는 없지만, 만약 우주의 온도가 10의 15승(10억 곱하기 백만)까지 올라갔다면 위의 관찰들이 해명될 근거는 충분한 셈입니다.

우주는 그보다 더 뜨거웠을까요? 빅뱅 이론에서는 그렇다고 주장하지요. 우주는 '플랑크 온도'라고 불리는 상태에서 시작했을지도 모르는데, 이는 10의 32승(10억 곱하기 10억 곱하기 100조)에 해당합니다. 우주의 몇몇 특성들을 보면 이 주장이 맞을 수도 있을 것 같지만 아직은 논리적인 증거가 충분하지 않아요.

요컨대, 신뢰할 만한 물리학 연구를 토대로 우주의 온도가 3천 도(화석 광선)와 10억 도(헬륨)를 넘은 적이 있다고 단언할 수는 있어요. 반면 입증이 덜 된 여러 주장들은 우주의 온도가 10의 15승, 나아가 플랑크 온도까지 올라갔을 거라고 말한답니다.

이상 살펴본 바와 같이, 우주가 차가워지는 과정에서 남겨진 화석들의 도움으로 우리는 조금씩조금씩 우주의 온도에 관한 역사를 이해할 수 있게 되지요.

23

우주의 미래:
뜨거운 우주 아니면 차가운 우주?

우리는 은하수들의 이동 속도 측정과 화석 광선의 특성 연구를 통해 우주의 과거를 어느 정도 알 수 있었습니다. 그 과정에서 우주 역사의 주요 국면들을 재구성하고 여러 가지 구성 요소들(빛, 일반물질, 암흑물질, 암흑에너지)을 확인할 수 있었어요. 한데, 그런 지식들을 활용하면 우주의 미래에 대해서도 예측할 수 있을까요?

앞에서 말한 대로 빅뱅 시나리오는 아인슈타인의 일반 상대성 이론을 토대로 하는데, 그 이론은 1917년 수립된 이후 물리학자들의 끊임없는 신뢰를 얻고 있답니다. 실제로 일반 상대성 이론에서 예측한 것들과 실제 관찰 결과들은 서로 부합하는 경우가 대부분이었어요.

그렇다면 우주의 미래에 대해서는 어떨까요? 다음 두 가지

시나리오가 가능함을 알려주고 있습니다.

첫 번째는, 우주가 무한정 차가워지면서 점점 더 느린 속도로 0도에 가까워지지만 절대 0도에 도달하지는 않는 경우입니다. 하늘이 점점 어두워지고 그와 더불어 은하수들이 서로 계속해서 멀어지는 가운데, 우주 공간은 비어가지만 그렇다고 완전히 빈 공간이 되지는 않습니다. 영어 표현으로 이런 현상을 '빅 칠(Big Chill)', '거대한 냉각'이라고 하지요.

두 번째는, 팽창과 계속적인 냉각의 시기(우리가 현재 살고 있는)가 지난 이후 은하수들의 운동이 느려지다가 어느 한 순간 정지된 다음 퇴행 운동으로 이어져 은하수들끼리 다시 서로 가까워지는 경우입니다. 마치 조약돌을 수직으로 던지면 위로 올라갔다 다시 땅으로 떨어지는 것에 비교할 수 있죠. 우주의 팽창기에 이어서 수축기가 도래하는 셈입니다. 팽창하던 우주의 온도가 어느 순간 냉각을 멈추고 일정하게 유지되다가, 다시 오르기 시작해서 빅뱅의 순간에 발생했던 초고온 상태로 회귀하는 시나리오죠. 이것은 영어로 '빅 크런치(Big Crunch)', 즉 '거대한 붕괴'라고 합니다.

따라서 우주의 미래는 '빅 칠' 아니면 '빅 크런치'인데, 과연 어느 쪽일까요? 이론이 아닌 관찰을 통해서만 정답을 알 수 있을 겁니다.

 암흑에너지를 발견하기 전에는 모든 사실들이 '빅 칠' 시나리오를 뒷받침해주는 듯했습니다. 은하수들의 운동이 너무 빨라서 멈추거나 퇴행할 수는 없을 것처럼 보였거든요.

 한데 암흑에너지에 대한 관찰(18장 참조)이 과연 이런 결론을 뒤집을 수 있을까요? 내 생각에 암흑에너지는 오히려 그것을 더 강화시켜주는 것처럼 보입니다. 은하수들을 점점 더 빠른 속도로 서로 멀어지게 하는 것이 바로 암흑에너지이기 때문이지요. 실제로 과학자들은 은하수들의 운동중단이나 역전 가능성 그리고 우주가 팽창에서 수축으로 전환될 가능성에 대해 등을 돌리는 듯합니다.

 그러나 사실은 그리 간단하지가 않지요. 우리는 암흑에너지의 구체적인 성분도 모를뿐더러, 그것의 밀도가 늘 동일하게 유지되는지도 잘 모릅니다. 그 밀도는 앞으로 올 수십억 년 동안 증가할 수도 있고 감소할 수도 있어요. 그런 변화들이 은하수들의 운동에 예상치 못한 영향을 미칠 수도 있을 겁니다.

 '빅 크런치'일까요, '빅 칠'일까요? 현재로선 그 어느 쪽 손도 들어줄 수가 없습니다. 다만 현재의 우주 팽창기가 아마 수십억 년은 지속될 테니 걱정할 필요가 없다는 것만은 분명한 사실입니다. 그 기간 동안 새로운 관찰들이 새로운 사실들을 알려줘 '우주의 미래는 어떠할까'라는 질문에 근본적인 해답을 마련해주겠지요.

24
평행우주들?

이번에는 천문학자들뿐 아니라 공상과학 애호가들 사이에서도 인기 있는 주제를 다루어볼 텐데, 바로 평행우주론입니다. 이는 우주 공간과 그 신비에 대한 대중의 관심을 증폭시키는 데 일조하고 있지요.

이렇게 질문을 해볼까요? 우리가 천체 망원경으로 관찰하는 우주, 허블 망원경으로 촬영한 사진(1번 우주 사진) 속의 우주와 다른 우주들이 존재할까요? 우리 우주와는 완전히 단절되고 어떤 방식으로도 접촉할 수 없는 우주들이 과연 있을까요? 가령 은하수들과 항성들을 포함하면서, 그 항성들 위에는 우리처럼 스스로에게 질문을 던지는 사람들이 사는, 그런 우주들이 존재할까요? 우리의 지적 능력을 벗어나는, 우리가 사는 우주와는 완전히 다른 우주들이 있을까요?

대답은 확실하게 '그렇다'입니다. 새로운 우주가 수천, 수백만, 수백억 개씩 또는 무한히 존재할 가능성은 얼마든지 있어요. 어떤 논거로도 그 반대의 주장, 즉 우리의 우주가 유일무이한 우주라는 주장을 정당화하지는 못할 겁니다. 우리의 우주와 가상적인 다른 우주들을 동시에 포괄하는 세계를 설명하기 위해 '다중 우주'라는 단어가 사용됩니다.

여러분도 이미 느끼겠지만, 문제는 그런 우주들이 존재한다는 (아니면, 존재하지 않는다는) 증거를 찾아내는 일입니다. 그 우주들이 우리와 접촉할 수 있는 가능성이 없다면 그것들이 있다는 것을 어떻게 알 수 있을까요? '증거의 부재는 부재의 증거가 아니다'라는 격언처럼, 관찰이 불가능할 경우 이론들이 여러 시사점들을 제공해줄 수 있어요. 예를 들어, 빅뱅 이론은 복수의 우주의 존재와 얼마든지 양립할 수 있답니다.

우리 우주 안에 블랙홀들이 있다는 사실(27장 참조)은 다른 우주들의 존재에 대해 생각해볼 여지를 주고, 원칙적으로는 그것들을 방문하러 갈 수 있는 수단들까지 제공해줍니다. 일단은 블랙홀들이 빛을 발산할 수 없는 천체들이라는 사실만 지적하기로 하죠. 빛은 블랙홀들의 표면에 작용하는 거대한 중력으로 흡수되는데, 우리 은하수와 그 밖의 은하수들 속에는 많은 블랙홀들이 있습니다.

블랙홀들은 자기 표면에 와 닿는 모든 것을 빨아들이는 강력한 진공청소기와 같아요. 중력 때문에 그것들의 내부와 통신할 수는 없지만 접근하는 것은 가능할지도 모릅니다. 무모한 우주인이라면 은하수 안에 있는 거대한 블랙홀들 속으로 들어가 볼 수도 있겠지만, 중국을 다녀온 마르코 폴로와는 달리, 거기서 본 것을 알려주기 위해 지구로 복귀할 수는 없을 겁니다.

한데 블랙홀들이 매우 빠른 속도로 자전한다면(많은 수의 블랙홀들이 그럴 것이라 여겨지는데), 그 속에서 다시 빠져나올 수도 있을 거예요. 이때 그 우주인이 다시 나타나는 장소는 어디일까? 이 질문에 대해서는 그 어떤 대답도 할 수가 없습니다.

단지 블랙홀들의 자전 때문에 튕겨나온 우주인이 우리 우주의 구석 어딘가에 다시 나타날 것이라고 상상할 수는 있어요. 그런 방법을 사용하면, 엄청난 소요시간 때문에 엄두도 나지 않던 먼 거리를 여행할 수 있을지 모릅니다. 이런 가능성은 오래전부터 공상과학 소설가들을 매료시켜왔는데, 앞으로는 은하수여행 전문 여행사들의 관심이 이에 집중될지도 모르겠습니다.

우주인이 우리 우주와는 완전히 단절된 평행우주들 중 어느 한 우주에 다시 나타나는 경우도 상상해볼 수 있는데, 그 때는 블랙홀이 일종의 입구 역할을 하는 셈이죠.

25
인류 원리

 은하수들의 가속 팽창 원인이라고 여겨지는 양자 에너지(21장 참조)의 밀도는 은하수들과 그 안의 항성들, 혹성들, 생명체가 생성되기에 적당한 수준이었답니다. 이런 관찰을 포함한 다른 많은 과학적 관찰들을 통해 우리는 우주에서 복잡계의 발달을 가능케 해준 여러 물리 법칙들을 이해하게 됩니다. 만약 그와 같은 물리 법칙들과 조금이라도 다른 법칙에 의해 우주물질이 지배되었다면, 빅뱅 이후 우주의 냉각은 우리처럼 툭하면 질문을 던지는 인간은 물론 그 어떤 생명체도 살아 있을 수 없는 불모의 세계를 만들어냈을 거예요.

 이런 사실은 현재 천체물리학계의 중요한 토론 주제가 되어 있습니다. 프랑스 뫼동 천문대의 브랜든 카터라는 과학자는 '인류 원리'라는 용어를 처음 만들었는데, 우주 속에 인간이 존재한다는 사실이야말로 가장 근본적인 관찰 자료라는 주장을 폈어요. 현재의 물리 법칙들 덕분에 의식 주체인 인간의 뇌가 만들어졌음을 결정적으로 보여주는 사례가 바로 인간 존재라는 논리지요. 이런 주제는 철학적인 질문들로 곧장 연결될 수 있으며, 실제로 이와 관련한 여러 질문들이 철학자들에 의해 제기되었답니다.

여기에 다중 우주의 개념이 도입되는데, 매우 다양한 형태를 띠는 물리 법칙들로 지배되는 다수의 우주가 존재한다고 과학자들은 가정해봅니다. 이 가설에 따르면, 그 우주들 중 우리 우주의 물리 법칙과 유사한 법칙의 지배를 받는 우주에만 인간 같이 질문을 던지는 존재들이 생존할 수 있다고 합니다. 나머지 우주들은 복잡한 생명체가 발달할 수 없었을 테니까 그만큼 적막하겠죠. 이런 가설 전반을 뒷받침해주는 것이 이른바 '초끈 이론'이란 겁니다.

이렇게 볼 때, 우리 우주의 물리 법칙들이 인간의 의식 활동을 가능케 해줄 만큼 섬세하게 조정되어 있다는 것은 전혀 놀라운 일이 아닙니다. 우리는 단지 '풍요로운' 우주에 사는 행운을 얻은 것이고, 다른 우주들은 불모이기에 질문을 제기할 어떤 존재도 없을 뿐이니까요.

물론 이런 가설과 주장들의 매력과는 무관하게, 이론적 고찰보다 더 만족스러운 관찰 자료가 제시되지 않는 한 평행우주의 존재는 영영 허구의 영역에서 헤어나지 못할 겁니다.

우리가 사는 우주는 그 존재를 확신할 수 있는 유일한 우주인 거죠.

II
별과 은하

26
은하단

우리 우주는 다양한 차원의 요소들로 풍부하게 구조화되어 있습니다. 순차적으로 표시해보면 다음과 같죠.

작은 단위 — 원자, 분자, 살아 있는 세포들
큰 단위 — 혹성, 항성, 성단과 은하수들
더욱 큰 단위 — 은하수들이 모여서 형성된 은하단들. 이 은하단은 현대 천문학에서 가장 활발하게 연구되는 주제입니다.

우리가 사는 은하수, 영어로 'Milky way(우윳빛 강)'는 처녀자리 은하단에 속합니다. 이 은하단에 포함되는 은하수들 대부분이 우리 은하수 쪽에서 보면 처녀자리 성좌 방향에 위치하기 때문에 이런 이름이 붙었지요. 은하단들은 평균적으로 우리 은하수와 비슷한 규모의 은하수를 천 개가량 거느리고 있답니다. 그것들의 직경은 수억 광년에 이르고, 보통 몇 개의 거대한 은하수들을 포함하고 있지요. 그 중심핵으로부터는 강력한 방사능 복사(방출)를 동반한 빛줄기들이 발산되어서 수십만 광년 떨어진 곳까지 퍼져 나갑니다(3번 사진 참조). 이 빛줄기들은 은하수들의 중앙에 있는 거대한 블랙홀들(29장 참조)에 의해서 (간접적으로) 발산될 가능성이 아주 높아요.

최근에는 X선 망원경 덕분에 은하단들이 수백만 도의 고온 광선들에 감싸여 있다는 것을 발견했답니다. 이 광선이 어디로부터 오는지는 잘 몰라요. 별들의 운동, 특히 별들이 소멸하면서 폭발하는 순간과 관련이 있을까요? 아니면 은하단이 생성될 때 우주물질의 붕괴에 의해서 발생하는 열이 남아 있는 것일까요? 아니면 둘 다에 관련될까요? 놀라운 관찰 결과가 하나 있는데, 은하수들은 은하단의 질량 중 작은 부분(약 5%)만을 차지한다는 사실이랍니다. 그리고 X선을 방출하는 더운 가스와 결합된 에너지가 20%를 차지하는 반면, 나머지 75%는 16장에서 이미 이야기한 그 유명한 암흑물질로 구성되어 있지요.

이번에는 이런 질문을 해봅시다. 우주에는 은하단보다 더 큰 천체가 있을까요? 예를 들어 은하단의 무리가 존재할까요? 현재로선 그런 천체가 있다는 아무런 근거도 없습니다. 그 거대한 규모에도 불구하고 우주는 점점 더 균질한 상태가 되어가고 어디서나 비슷한 모습을 띠어갑니다. 크기가 수억 광년에 이르는 은하단과 수백억 광년에 달하는 관찰 가능한 우주 사이에서 보더라도 어떤 특정한 물질이 밀집되어 있는 상태가 관측되지는 않아요.

빅뱅 이후 40만 년이 지나 관찰 가능한 우주 끝에서 발산된 화석 광선은 극도로 균질된 상태의 우주를 보여주는데, 그 밀도의 편차는 평균 밀도의 만 분의 1을 넘어서지 않는답니다.

27

블랙홀의 존재 가능성

한밤중에 악마가 거대한 손으로 태양을 납작하게 만들어서, 원래는 백만 킬로미터이던 태양의 반경이 3센티미터로 줄었다고 상상해보죠. 이 엄청난 수축은 태양 표면의 중력을 약화시켜서 빛조차 외부로 발산하지 못하게 할 겁니다. 태양광선은 분수대의 물처럼 태양 표면 위로 되돌아오겠지요. 만약 그런 일이 실제로 벌어졌다면, 태양은 블랙홀이 되었을 겁니다.

극도로 압축되어 아무것도, 빛조차도 빠져나올 수 없는 물체의 개념은 18세기에 피에르 시몽 드 라플라스가 소개한 적이 있어요. 하지만 이 개념이 제대로 공식화된 것은 아인슈타인 이론을 통해서지요. 이 이론은 물리학의 법칙들을 거스르지 않으면서 그런 천체들이 존재할 수 있다는 것을 입증했답니다. 다시 말해 '가능한 존재들' 내지는 '잠재적인 실체들'인

셈이지요. 그렇다고 해서 그것들이 실제로 자연 속에 존재한다는 뜻은 아니에요.

여기에서 과학 연구와 관련된 보다 일반적인 문제와 마주치게 되는데, 잠깐 그에 관해 이야기해보는 것도 흥미로울 겁니다. 과학 이론들을 수학적으로 공식화하다 보면 가끔 미지의 현상들이 존재함을 시사하는 듯한 용어들이 나온답니다. 과학 연구에서 그런 현상들을 발견해내는 일은 매우 중요한데, 그 경우에도 수학 용어들이 어떤 실제 사물과도 무관할 수 있다는 점은 잊지 말아야 합니다.

암흑에너지(18장 참조)가 발견되었을 때가 바로 그런 경우이지요. 아인슈타인 이론은 '우주 상수'(46장 참조)라는 수학 용어를 사용해서 그런 에너지의 존재 가능성을 예상할 수 있게 해주었어요. 이것과 유사하게, 양자 이론에서의 수학 공식은 양자 진공 에너지(21장 참조)와 반물질(48장 참조)의 존재 가능성을 내비치고 있었답니다. 이 두 가지 문제는 모두 관찰로 확인되었는데, 매우 중요한 의미를 가진 만큼 별도의 장에서 다룰 필요가 있어요.

자, 그럼 악마의 손아귀에서 짓눌린 우리의 불쌍한 태양 이야기로 돌아가볼까요. 그 결과, 내일 아침 해는 뜨지 않아 여전히 날은 어두울 것이고 끊임없는 밤이 계속될 겁니다. 한데 그 검은 천체(태양)가 여전히 거기 있다는 것은 어떻게 알 수 있을까요? 의외로 간단합니다. 별들이 언제나처럼 계절적인 이동을 계속하는 걸 관찰해보면 되죠. 이런 확인만으로도 지구가 태양의 인력에 의해서 1년 주기의 공전 궤도를 돌고 있음을 충분히 보여줄 수가 있어요. 달리 말해서, 태양이 더 이상 빛을 발산하지 않아도 태양계의 혹성들에 대해서는 계속해서 오차 없는 인력을 미친다는 얘깁니다.

우주 속의 암흑물질(17장)에 대해 이야기한 이후부터 우리에게 친숙해진 도식에 비추어 말하자면, 모든 물질은 빛을 발산하건 아니건 상관없이 그 주변에 있는 물체들에 인력을 미쳐서 그것들의 운동에 영향을 줍니다. 결과는 곧 원인을 시사한다는 점에 비추어, 우리는 간접적이지만 확실하게 블랙홀들을 탐지해낼 수가 있는 셈이죠.

여기서 자연스럽게 드는 의문은, 우주의 암흑에너지가 여기저기 분산되어 있는 다수의 블랙홀들과 관련이 있지는 않은가 하는 점입니다. 이런 가설에 대한 진지한 연구들이 있었음에도 아직 확인 단계에는 미치지 못하고 있습니다.

그래도 이제 블랙홀의 개념이 머리로 지어낸 단순한 창작물은 아니라는 것만큼은 확인된 셈이죠. 그것들은 실제로 존재하고 매우 많기까지 하답니다.

28
항성 블랙홀

블랙홀이라는 개념을 만들어낸 아인슈타인의 일반 상대성 이론은 우주에서 그 실체가 확인됨으로써 충분한 가치를 증명 했습니다. 지구에서 가장 가까운 블랙홀은 7천 광년 떨어져 있는데, 아름다운 8월의 저녁 늦게 우리 머리 바로 위에서 보이는 백조자리 안에 존재하지요.

블랙홀에는 질량에 따라 구분되는 두 가지 서로 다른 유형이 존재합니다. 첫 번째 유형은 그 질량이 태양과 비슷한 것들을 포함하는데, 소행성보다 크지 않은 반경 수 킬로미터의 공간 안에 갇혀 있어요. 그런 블랙홀들은 은하수들 여기저기에 널리 분포되어 있습니다. 백조자리의 블랙홀은 첫 번째 유형에 속합니다. 두 번째 유형에 대해서는 다음 장에서 설명하기로 하죠.

그 기이한 천체들(블랙홀)은 은하수 안에서 가장 커다란 별들이 죽는 순간에 형성됩니다. 살아 있는 동안 별들은 그 뜨거운 중심부(온도가 수천에서 수만 도에 이르는)에서 일어나는 열핵반응으로부터 에너지를 얻는데, 자신의 핵연료를 모두 소진하고 나면 스스로 붕괴됩니다. 이때 강력한 중력으로 수축된 별들의 남아 있는 핵이 블랙홀을 형성하는 것이죠. 하나의 은하수가 탄생한 다음, 별들은 수 세대에 걸쳐 거대한 공간에 그와 같이 움직이지 않는 천체들을 만들어낸답니다. 이런 블랙홀들은 우리가 속한 은하수(우윳빛 강)에 아마도 10억 개 이상 존재하는 것으로 여겨지는데, 모든 은하수가 그만큼의 블랙홀을 지니는 셈입니다. 하지만 그 블랙홀들의 질량은 은하수들 전체 질량의 1퍼센트도 되지 않지요.

블랙홀이 있다는 것은 어떻게 알 수 있을까요? 압축된 천체들이란 자기 주변의 모든 것을 빨아들이는 거대한 진공청소기와 비슷하답니다. 소용돌이에 휘말리는 것과 같이 우주물질은 블랙홀에 의해 끌어당겨지고, 욕조의 배수구에 빨려들어 가는 물처럼 회전하면서 블랙홀 주위를 맴돕니다. 그리하여 이른바 '합체 디스크'라 불리는 상태를 이루게 되지요. 물질들이 블랙홀에 사로잡혀 접근할수록 그 움직임은 빨라지게 됩니다. 그렇게 빨라지는 속도와 더불어 물질들의 온도가 높아지게 되지요. 그로 인해 점점 더 강한 빛이 발산되다가, 나중에는 강렬한 빛의 근원이 형성된답니다.

대기권 밖의 궤도 위성들에 부착된 적당한 망원경들을 통해 블랙홀들을 탐지할 수 있는 것은 그런 빛들을 볼 수 있기 때문이에요. 블랙홀 자체는 아무런 빛도 지니지 않지만, 그런 식의 간접적인 빛의 효과를 통해 블랙홀의 존재를 감지하는 것입니다. 블랙홀에 관한 연구는 현대 천문학의 핵심 분야 중 하나랍니다.

모든 천체와 마찬가지로 블랙홀도 자전을 합니다. 하지만 그것을 직접 관찰할 수는 없기 때문에 자전 속도를 측정하기란 매우 어려운 일이지요. 그래도 블랙홀로 끌려들어 가는 물질들이 형성하는 디스크와 그로 인한 빛의 발산을 연구함으로써 많은 도움을 얻을 수 있습니다. 이와 관련하여 현재 새로운 기술들이 속속 개발되고 있지요.

29
은하 블랙홀

두 번째 유형의 블랙홀은 태양 질량의 수백만 배에 이르는 것들입니다. 그것의 반경은 지구의 궤도와 맞먹는데, 은하수들의 중심에서 찾아볼 수 있답니다. 우리가 속한 은하수에는 비교적 작은 블랙홀이 하나 있는데, 그 질량은 태양 질량의 3백만 배(어떤 것들은 이보다도 백 배 더 큰 질량 보유)에 이르지요. 이것은, 여름철 남쪽 지평선 아래에서 볼 수 있는 아름다운 별 안타레스와 그리 멀지 않은 켄타우로스자리 방향에 위치해 있어요.

우리 은하수의 블랙홀은 어두운 성운들이 많이 몰려 있는 은하수의 중심부에 있기 때문에, 그 영향력을 관찰하기가 매우 힘듭니다. 그럼에도 매우 뛰어난 천문학 실험을 통해 블랙홀의 존재가 확인되었고 그것의 특징들을 보다 자세히 알 수 있게 되었어요.

혹성들이 태양 주위의 타원형 궤도를 도는 것처럼, 여러 개의 별들이 우리 은하수 블랙홀 주변에 비슷한 궤적을 그립니다(4번 사진 참조). 1988년 그 별들 중 하나의 운동을 추적하기 시작했는데, 관찰이 시작된 초기부터 그것은 자기 궤도의 절반 이상을 엄청난 속도로 돌았답니다. 지구는 초당 30킬로미터를 이동하는 데 비해, 그 별은 초당 3만 킬로미터로 여행을 했지요. 이것은 광속의 10분의 1에 해당하는 속도랍니다.

다른 많은 은하수들 안에 있는 블랙홀은 우리 은하수의 블랙홀보다 훨씬 더 강렬하게 자신을 드러내지요. 그중 어떤 것들은, 간접적이기는 하지만, 태양보다 10억 배 강한 빛의 원인이 되기도 합니다. 뿐만 아니라, 방사능 방사로부터 시작해서 적외선, 가시광선, 자외선, X선을 거쳐 감마선 방출에 이르기까지 다양한 광선들의 근원이 되는 경우도 있어요. 그런 천체들을 'quasi-star'의 줄임말인 '퀘이사(quasar, 준성)'라 부르는데, 크기가 매우 작아 처음에는 별이라고 착각했기 때문에 붙은 이름이지요. 또 다른 블랙홀은 수백만 광년에 걸쳐서 퍼져 나가는 입자 제트(jet) 가스를 발산하며, 이것은 나선형으로 꼬인 형태를 띠기도 합니다(3번 사진 참조). 과학자들은 제트 가스가 퀘이사의 끝 부분에서 발산되며, 중심에 위치한 블랙홀의 회전과 상관성이 있는 강력한 자기장의 영향을 받는다고 생각하고 있어요.

30
우리 은하수 블랙홀은 다이어트 중

앞에서 지적한 대로, 우리 은하수의 블랙홀은 상대적으로 작고(태양 질량의 3백만 배) 현 단계에서는 거의 아무것도 발산하지 않고 있어요. 무엇 때문일까요?

블랙홀들의 간접적인 밝기는 그것들이 집어 삼키는 입자의 양과 관련이 있답니다. 그것들은 주변을 지나는 모든 것을 먹어치우는데, 그러기 위해서는 먼저 먹을 만한 무언가가 있어야겠지요.

은하수의 중심에 거대한 블랙홀이 존재하는 것은 보편적인 현상으로 보입니다. 정확히 어떤 과정을 거치는지 알 수는 없지만, 그 두 개의 천체(은하수와 블랙홀)는 동시에 생성되는 것 같아요. 형성 중에 있는 은하수 입자의 일부가 회전 궤도에 오르지 않고 중심부로 떨어져서 블랙홀을 만든다는 추측이 가능하답니다. 입자가 그와 같이 떨어져 내리는 가운데 앞 장에서 설명한 강력한 에너지의 빛(퀘이사)을 발산하게 되는 것이죠.

하지만 은하수가 완전히 형성되고 나면 블랙홀을 향한 입자의 흐름은 점점 약해집니다. 먹을 것이 없어진 괴물의 빛이 엄청나게 약화되는 셈이죠. 다른 사건들이 우연히 발생하여 블랙홀을 자극하지 않는다면 그 빛은 사라지고 말 겁니다.

그런 블랙홀이 다시 깨어나려면 은하수들 사이의 충돌이 있어야 하지요. 서로의 인력에 이끌리는 상대적으로 가까운 은하수들은 우주 팽창 운동을 거슬러 올라가 합쳐질 수가 있어요. 이 경우 은하수들이 합체된다고 말합니다. 그 결과 새로이 추가된 입자가 블랙홀들에 먹이를 공급해서 일정시간 동안 그것들을 다시 활성화시키게 되지요.

그렇게 보면, 우리 은하수의 블랙홀이 왜 조용한지 자연스럽게 설명이 됩니다. 우리 블랙홀은 지금 다이어트 중인 겁니다!

더 오래 그 상태로 있게 될까요? 아무도 확실한 대답을 줄 수 없습니다. 다만 우리 은하수에서 3백만 광년 떨어진 이웃 은하수 안드로메다가 초속 40킬로미터의 속도로 우리를 향해 돌진하고 있다는 사실만은 분명합니다. 그런 속도라면 약 40억 년 뒤에는 우리 은하수에 도달할 수 있을 거예요. 우리가 은하수들의 충돌에 대해 제대로 이해하고 있다면, 안드로메다는 그 순간 우리 블랙홀이 강력하게 스스로를 드러낼 수 있는 기회를 제공해줄지도 모릅니다.

31

감마선 폭발

30여 년 전 미국은 다른 나라들이 실시하는 핵실험을 탐지하고 감시하기 위해 네 개의 위성을 발사했답니다. 위성에 실린 탐지기들은 핵폭발 시에 발생하는 감마선을 포착할 수 있는 것들이었지요.

10여 년이 지난 후에 그 기구들은 더욱 성능이 좋은 것들로 교체가 되었어요. 그 시기 탐지시스템 운영자들이 천문학자들에게 한 가지 정보를 알려주었는데, 탐지기들에 대한 정보 누설을 방지하는 차원에서 보안을 철저히 하라는 주문이 있었답니다. 탐지기들은 원래 보고 대상인 지구 위의 현상들뿐 아니라 우주로부터 감마선이 여러 번 발산되는 것까지 포착하고 있었어요. 그것이 발산되는 시간은 매우 짧아서 지속시간이 1초를 넘지 않을 때가 많았답니다.

'감마선 분출'이라 불리는 광자의 분출은 어떤 원인에서 비롯되는 것일까요? 그 신비를 밝혀내기 위해 미국 항공우주국(NASA)은 신속하게 감마선 망원경을 우주 궤도에 설치해놓았답니다.

그 당시에는 감마선 발생의 근원지가 지구에서 가까운지(상대적으로 아주 적은 에너지를 방출함), 아니면 멀리 떨어져 있는지(훨씬 더 강력한 에너지 발산) 알아내기가 쉽지 않았어요. 이 문제에 관한 수십 개의 가설이 만들어져 관찰 자료와 대조되기도 하고, 그중 한 가설이 다른 가설들에 의해 반박당하기도 했답니다. 여러 해에 걸쳐 관찰들이 쌓이고 점점 더 구체화되었지만 명확한 설명을 제공하지는 못했어요. 하지만 한 가지 중요한 사실만은 알 수 있었는데 그 근원지가 엄청나게 먼 거리에 있다는 것이지요. 유추하건대 해당 근원지의 에너지 강도는 소멸하기 직전 거대한 별들(초신성들)의 폭발에 비교될 정도로 높았을 겁니다.

더 자세히 알기 위해서는 감마선 폭발을 다른 측면에서 관찰하는 게 중요했습니다. 예컨대 전파 망원경, 광학 망원경, X선 망원경들로 관측된 근원지에 초점을 맞추는 것이지요. 그렇게 해서 '섬광들(감마선 폭발)'과 동시에 나타나는 현상들을 파악할 수 있게 되기를 기대했답니다.

지금은 그러한 관찰 작업들이 갈수록 효과적으로 진행되어 감마선 폭발과 함께 발생하는 물리 현상들에 관한 정보가 넘쳐납니다. 매일매일 새로운 정보들이 보고되고 있어요.

거대한 별들이 폭발하면서 소멸할 때 감마선 폭발이 동시에 일어난다는 사실은 현재 널리 인정받고 있지만, 감마선이 발산되는 과정은 아직 명확히 밝혀지지 않은 상태입니다. 감마선 폭발의 엄청난 위력 때문에 그것은 초기 우주에 대한 연구에서 가장 큰 관심을 끄는 주제가 되었어요. 현재 우주의 나이는 137억 년인데, 우주가 10억 년이 되기 전에 일어난 폭발들도 있지요. 앞으로 최초의 별들과 은하수들의 탄생을 설명하는 일에 감마선 폭발에 관한 연구들이 갈수록 중요한 역할을 하게 될 겁니다.

32
우주광선(Cosmic ray)

혹성들과 항성들 그리고 은하수들 사이에는 엄청난 양의 입자들이 광속에 가까운 속도로 끊임없이 날아다닙니다.

그중에는 전자와 광자만이 아니라 탄소, 산소, 철 그리고 토륨과 우라늄에 이르기까지 모든 종류의 원자핵들이 있지요. 거기에 원자핵들의 수많은 방사성 또는 비방사성 동위원소들까지 포함됩니다. 이 모든 것을 '우주광선(cosmic ray)'이라 부르는데, '우주 배경복사(cosmic radiation)'와 혼동하면 안 됩니다. 우주 배경복사라면 8장 '빛(우주 배경복사)의 화석'에서 이미 소개했지요.

한데 우주광선의 근원이란 무엇일까요? 그 빠른 입자들은 대체 어디서 오는 걸까요? 어떤 물리적 과정을 거치기에 그것들은 그토록 엄청난 속도를 내는 걸까요? 이들 질문에 대해 현재까지는 다소 기초적이고 불충분한 대답밖에 할 수가 없답니다.

아마도 항성들의 탄생 및 죽음에 관련된 일련의 폭발 현상들과 연관성이 있는 것 같아요. 초신성들의 잔해(예를 들어 게성운) 속에서 파란색 빛이 관찰되는데, 이것은 빠른 속도의 전자가 있음을 알려주는 것입니다. 폭발에 의해 방출된 입자들은 은하수 안에서 작용하는 자기장을 통해 가속도가 붙는다고 여겨져요.

태양 표면에서 일어나는 급작스런 현상들(폭발, 융기, 자기폭풍 등)은 태양계 전체로 방출되는 여러 입자들과 더불어 일어나는 경우가 많답니다. 태양 표면의 가스층 안에 있는 자기장의 작용이 이러한 방출의 원인일 수도 있어요. 방출은 몇 시간 동안 지속되는데 우주 궤도상에 있는 우주인이나 통신 시스템에는 위험요소로 작용한답니다.

확신할 수는 없지만, 은하수의 중심부에 있는 거대 블랙홀이 우주광선의 간접적인 근원이라고도 추정할 수 있습니다. 그 블랙홀로부터 강력한 에너지 방출이 일어날 때 초강력 에너지의 입자들에 가속도가 붙는다는 얘깁니다.

우주광선의 매우 희귀한 몇몇 입자들은 프로선수가 쳐낸 골프공과 똑같은 에너지를 가지고 있답니다. 그 입자들의 근원에 관해서는 아직까지 어떤 그럴듯한 가설도 존재하지 않아요. 수십 년이 지나도록 이 문제에 대한 답은 나오지 않고 있습니다. 그것들을 연구하기 위해 현재 아르헨티나의 팜파스(대초원)에는 수백 제곱킬로미터에 걸쳐 여러 세트의 탐지기들이 설치되어 있지요. 앞으로 몇 년이 지나면 연구 결과들이 나올 텐데, 천체물리학과 입자물리학에 무척 중요한 정보들을 제공해 줄 수 있을 겁니다.

33
항성들의 진동

 지구에서 자주 발생하는 지진과 유사하게, 태양과 항성에도 전체적인 영향을 미칠 만큼 거대한 진동이 발생할 때가 있답니다. 그로부터 발생하는 다양한 주파수의 음파들은, 우리가 들을 수만 있다면, 지구상의 오르간보다 더 높은 음역의 거대한 파이프오르간 연주처럼 들릴 수도 있을 겁니다. 매우 다행스럽게도, 태양과 지구 사이에는 공기가 없기에 그 음파들이 우리 귀에까지 들릴 수는 없지요. 그렇지 않다면 우리의 고막은 위험할 정도로 먹먹해질지 모릅니다.
 이런 음파들의 근원지는 태양 표면에 가까운 상층부에 해당하는데, 그곳에서는 태양의 물질이 강렬하게 끓고 있답니다. '대류 지역'이라 불리는 그곳은 태양의 중심에서 바깥쪽으로 발산되는 열의 이동 때문에 끊임없이 흔들리고 있어요. 이 음파들은 태양 전체로 퍼져 나가, 어떤 것들은 표면 근처에 남아 있고, 어떤 것들은 중심부까지 뚫고 들어갑니다. 그 음파들은 다시 태양 표면 쪽으로 되돌아오면서 태양광을 발산하는 원자들을 요동시키고, 그것들의 온도와 파장(색깔)을 변화시키지요. 이때 태양광의 강도는 대략 5분 주기로 변화되는데, 우주망원경으로 보면 태양 표면의 여기저기에서 그 변화를 관찰할 수 있답니다.

지진파의 관찰을 통해 지구 내부의 구조를 파악할 수 있는 것처럼, 위와 같은 태양의 진동은 태양의 구성에 관한 소중한 정보를 제공해줍니다. 예컨대 진동이 통과하는 층에 따라 그것들이 확산되는 속도가 달라집니다. 진동 강도의 변화에 대한 자세한 분석 덕분에 이제는 태양의 밀도, 온도, 압력, 화학적 구성, 자기장 그리고 그 중심부까지 매우 정확하게 알게 되었어요.

그렇게 해서 태양 표면의 관찰만을 바탕으로 만들어졌던 과거의 이론 모델들이 물리 법칙과의 상관성 속에서 확증될 가능성이 커졌답니다.

결국 '태양지진학'이라고 하는 새로운 학문까지 출현했는데, 이는 '태양 중성미립자의 신비'라는 수십 년간 제기된 문제를 해결하는 데 결정적인 기여를 했답니다. 예컨대 태양 중성미립자(57장 참조)를 실제로 탐지해보면 이론가들이 예상한 것보다 훨씬 더 적은, 반 이상 부족하다는 결과만 나왔답니다. 이제 그 이유가 무엇인지도 밝혀졌지요. 중성미립자에는 세 가지 종류가 있는데 그동안 중성자 망원경으로는 그중 한 가지만을 탐지할 수 있었기 때문이에요. 태양지진학 덕분에 지금은 태양물리학과 입자물리학 사이의 껄끄러운 관계도 해소가 되었답니다.

  요즘은 다른 항성들의 진동에 대해서도 관심을 갖지만 상정은 훨씬 더 복잡하답니다. 태양과 달리 그것들의 표면을 자세하게 관찰할 방법이 아직 없어서지요. 하지만 여러 연구들이 빠른 속도로 진행되고 있으니까 그 항성들의 내부구조에 대한 정보들까지 조만간 얻을 수 있을 겁니다.

34

죽은 항성

우리 은하수에는 약 백억 개의 죽은 항성들이 떠다니고 있습니다. 열 개 중에 하나의 항성이 생을 마감하고 자신에게 남아 있는 마지막 열을 천천히 발산하고 있어요.

다시 말하지만, 항성들이란 자체 무게의 영향을 받는 가스를 함유한 둥근 천체들입니다. 자체 중심을 향해 붕괴하지 않는 것은 그것들이 뜨겁기 때문이에요. 중심부의 높은 온도가 붕괴에 저항하는 열압력을 만들어내는 겁니다. 뜨거운 가스는 빛을 발산하고, 그 빛은 표면으로 올라와 우주 공간으로 빠져나갑니다. 그래서 항성들이 빛을 발하는 거지요.

빛을 발한다는 것은 에너지를 잃는다는 것을 의미합니다. 항성은 가벼운 원자핵을 결합하고 그 핵을 더 무거운 핵으로 변형시키는 원자로와 같지요. 시간이 지나면서 원자들로 이루어지는 에너지저장고는 고갈되고 항성은 생의 마지막에 이른답니다. 그때는 더 이상 열을 발산하지 못하고 그 결과 자신의 무게를 지탱할 수 없게 되어, 결국에는 스스로 붕괴하는 것이지요.

이와 같은 붕괴는 무한정 지속되는 것이 아니라 일정한 질량에 이르면 멈추게 됩니다. 태양을 예로 들면 그 반경이 현재는 백만 킬로미터이지만 50억 년 뒤에는 약 천 킬로미터로 줄어들게 될 거예요. 달과 비슷한 크기가 되는 거지요.

항성의 수축이 지속되지 않게 막는 것은 무엇일까요? 양자물리학이 이 질문에 대한 답을 가르쳐주었지요. 볼프강 파울리가 발견한 '배타 원리'라는 게 있는데 간단히 말하면, 동일한 속도의 전자 두 개는 동시에 같은 장소에 있을 수 없다는 원리랍니다. 더 정확히 말해서, 전자들은 일정한 거리를 넘어서면 서로 접근할 수 없다는 거지요. 이런 배타 효과는 항성 안에서 '양자압력'이라는 것을 만들어내는데, 이것은 이전의 열압력과 동일한 역할을 한답니다. 그렇게 항성의 수축은 정지되고 질량은 일정한 상태를 유지하게 되지요.

그런 과정을 거쳐 항성은 직경이 수천 킬로미터에 불과한 '백색왜성'이 됩니다. 태양 가까이에도 몇 개가 있는데, 그중 가장 유명한 것은 8광년 거리에 있는 시리우스 동반성이에요.

태양과 같이 작은 항성들은 그런 운명을 맞지만 거대한 항성들의 경우는 다릅니다. 베타 원리는 양자와 중성자에도 적용되는데, 거대한 항성들의 엄청난 질량 때문에 양자와 중성자가 서로 밀어내는 최소 거리는 전자에 비해 2천 분의 1 정도밖에 되지 않아요. 죽어가면서 이루어지는 그런 항성들의 붕괴는 일정한 한계에 이를 때까지 계속되다가 결국엔 직경이 수십 킬로미터인 '중성자별'이 됩니다.

한편 태양의 질량보다 10배 이상 큰 초거대 항성의 경우에는 양자압력을 포함한 어떤 압력도 항성의 수축을 막을 수 없어요. 그 결과 블랙홀이 탄생하는 것이죠(28장 참조).

'백색왜성', '중성자별', '블랙홀' 등은 은하수들의 심연에 존재하는 죽은 항성들의 이름인 셈이죠.

사진 1: 흔히 '딥 필드(Deep Field)'라고 불리는 이 사진은 우주를 가장 큰 규모로 보여주는데, 아득히 먼 거리에 있는 은하수들로 가득 찬 바다와도 같다. 지구 위 궤도상에 있는 허블 망원경으로 촬영. (저작권: NASA/ESA/S. Beckwith와 HUDF Team과 B. Mobasher)

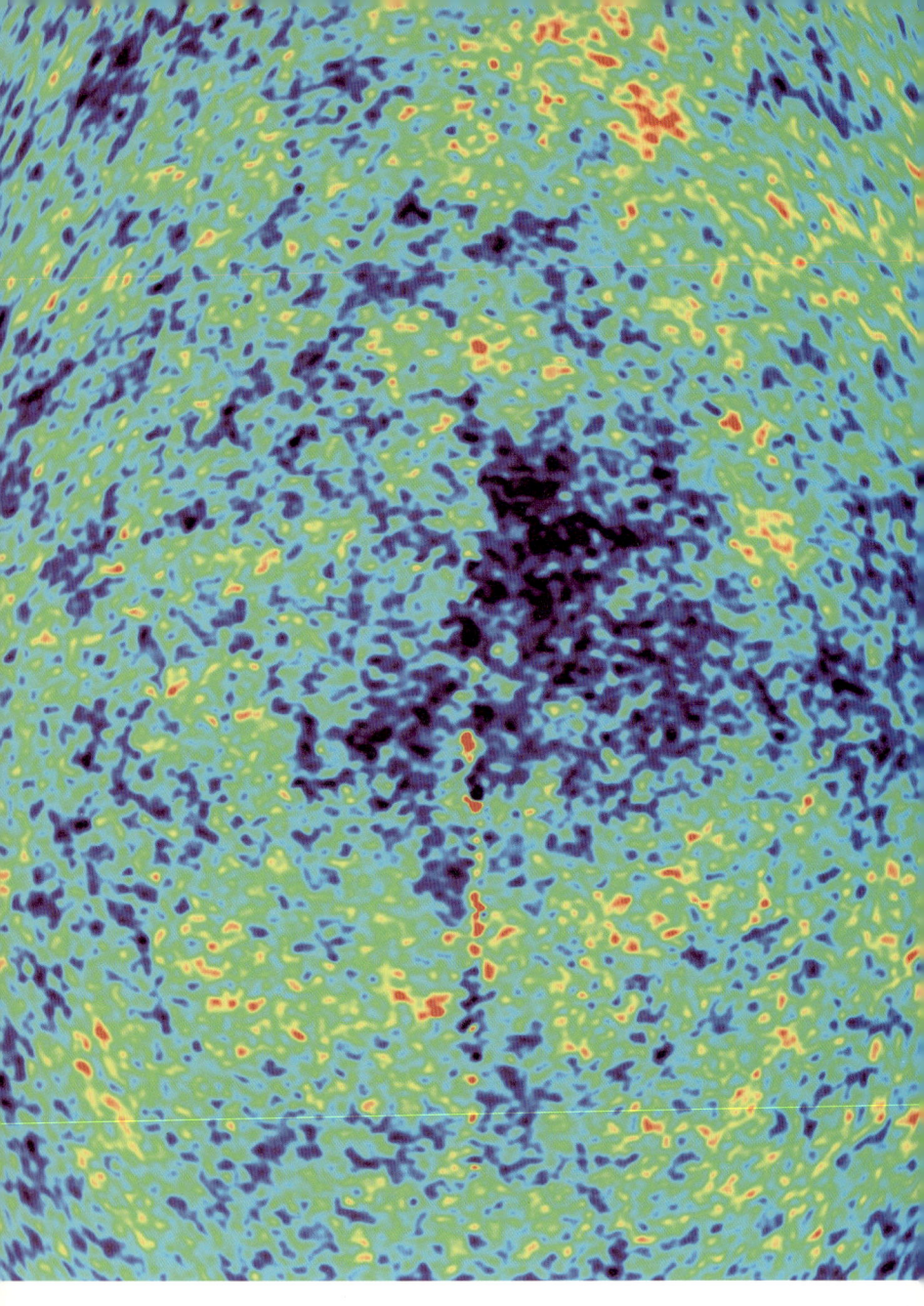

사진2: 우주 나이가 약 40만 년이었을 때의 우주 사진. 파란색과 붉은색의 수많은 점들은 최초의 은하수들이 생성될 당시의 온도와 밀도의 차이를 나타낸다.
(저작권: NASA/WMAP Science Team)

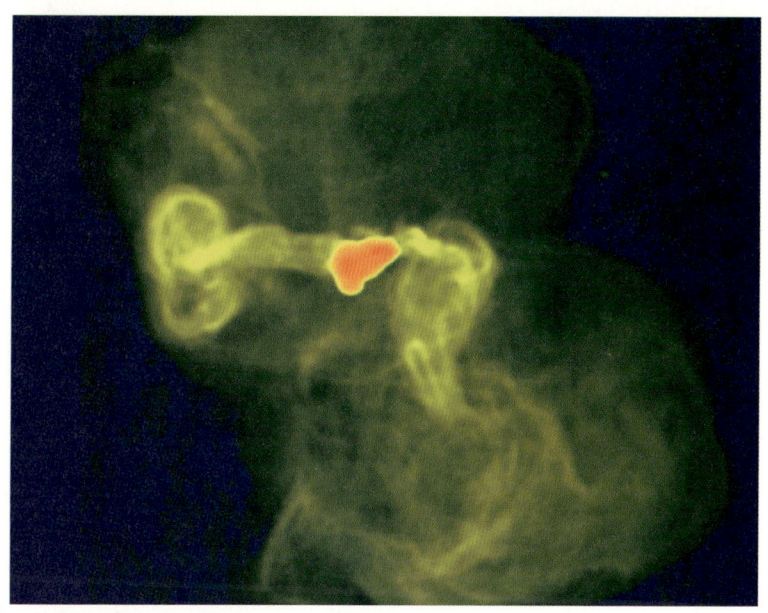

사진3: 은하수 중심핵의 활동에 의해서 분출되는 나선형 모양의 강력한 제트.
(저작권: NRAO/AUI, F. N. Owen, J. A. Eilek, N. E. Kassim 제공 무료 사진)

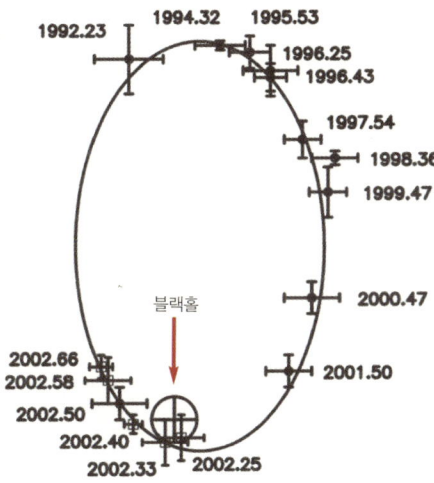

사진4: 우리 은하수 중심부에 위치한 블랙홀 주변의 궤도를 도는 한 항성의 움직임. 십자 표시는 시간의 흐름에 따른 항성의 위치. (저작권: ESO)

사진5: 우주 배경복사에 의해서 생성되는 전자-반전자 쌍의 사진. 탐지기의 자기장 안에서 반대 방향으로 난 궤적 곡선은 입자들의 전하가 다르다는 것을 가리킨다. 즉, 전자의 경우에는 음전하이고 반전자(또는 양전자)의 경우에는 양전하이다.
(저작권: Lawrence Berkeley Nationa/SPL/Cosmos)

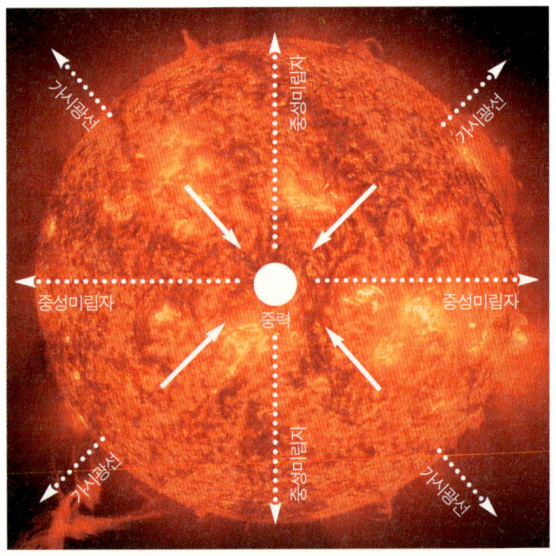

사진6: 태양에 영향을 미치는 네 가지 자연력을 표현한 그림. 태양이 동그란 모양을 띠는 것은 중력의 힘 때문이다. 태양의 빛은 강력한 핵력에 의해 질량이 에너지로 변환되기 때문이다. 태양빛은 표면에서는 가시광선(전자기력), 중심부에서는 중성미립자(약한 핵력)의 방출을 통해 발산된다. (저작권: SOHO/ESA/NASA/SPL/Cosmos)

35
펄사(맥동성)

1967년 영국의 젊은 여성 천문학자 조슬린 벨은 하늘 한구석에서 이상한 신호를 탐지했어요. 그것은 일상적인 우주의 잡음 대신 초당 30번 규칙적으로 반복되는 신호음이었는데, 매우 빠른 속도의 모르스 부호나 무선전신과 비슷했어요. 혹시 우주에서 오는 부호화된 메시지였을까요? 그토록 오랜 세월 기다려온 외계인이 드디어 나타나기라도 한 걸까요?

그 신호음은 메트로놈(음악의 템포를 정확하게 표시해주는 기계)처럼 놀라울 정도로 일정하게 삐삐 소리를 내며 단조롭게 지속되었어요. 키 작은 초록인간들(외계인들)은 정녕 제대로 된 언어를 사용하지 않는 걸까요? 결국 외계인으로부터 오는 신호라는 가설은 인정받지 못하고 다른 원인을 찾아야 했습니다. 한껏 상상의 나래를 편 결과 초당 30번 빛났다가 꺼지는 항성이 아닐까 하는 질문이 떠올랐답니다. 이전에도 밝기가 빨리 변하는 변광성들을 알고 있었거든요. 하지만 밝기가 규칙적으로 약해졌다 강해지기는 해도 기존의 변광성들은 맥동성처럼 빠른 속도로, 게다가 놀라우리만치 규칙적인 변화를 보이지는 않았습니다.

당시 나는 미국 코넬 대학교 학생이었는데, 우리 과 교수 중 한 분이었던 토마스 골드 씨가 그 이상한 항성들에 대한 가설을 제시했던 순간을 기억하고 있어요.

"한밤중에 완벽한 규칙성을 띠면서 우리 눈에 나타났다가 사라지지만 결코 꺼지지 않는 것이 무얼까? — 그것은 바로 등대의 불빛이지!"

등대의 불빛은 자체 회전을 하면서 하늘을 비추고 완벽하게 규칙적으로 우리 눈과 마주칩니다. 골드 교수께서는 이렇게 말씀하셨어요. "(예를 들어 표면 전체가 빛나는 태양과 달리) 자기 표면의 한정된 부분에서만 빛을 발하는 항성을 상상해봅시다. 그 항성이 초고속으로 자전을 한다고 가정해보죠. 그런 항성은 마치 하늘 위에 있는 등대처럼, 그 빛이 전파 망원경과 마주칠 때마다 '삐' 소리를 내면서 발산되는 것처럼 보일 거예요."

이 가설은 열광적인 지지를 받았지요.

지금까지 과학자들은 '펄사'라고 불리는 백 개가 넘는 맥동성을 발견했어요. 그중 어떤 것은 1초에 천 번 이상 명멸한답니다.

펄사는 아주 작은 항성인데, 그 직경이 수 킬로미터에 불과하며 '중성자별'이라 불리기도 하죠. 하나의 항성(초신성)이 폭발하면서 죽은 이후에 나타나는 잔해라고 할 수 있답니다. 폭발 이후에 항성의 상층부는 강력하게 우주 속으로 흩어지지만, 그 중심부는 수축되면서 초고속으로 회전하기 시작합니다. 원인은 아직 모르지만, 항성의 자기장 축이 있는 부분에서만 여전히 빛이 발산되지요. 그래서 등대와 비교되는 건데, 단지 지구의 경우처럼 자기장 축과 회전축이 일치하지 않는다는 특성이 있어요.

한 가지 일화를 소개하자면, 펄사의 발견으로 주어진 노벨상은 조슬린 벨이 아니라 그녀의 지도교수에게 돌아갔는데, 이로 인한 작은 파문은 아직까지 과학자들 사이에서 회자되곤 하지요.

36
태양계 외 행성들

 태양은 그 주변 궤도를 도는 행성들, 다시 말해 행성계를 가지고 있는 유일한 항성이 아닙니다. 수 세기 전부터 이와 관련한 여러 가설들이 제기되었지만, 확증에 이르지는 못했지요. 하지만 10여 년 전부터 사정이 달라져서, 태양 말고도 그 가까운 거리에 2백여 개의 항성들 주변을 도는 행성들이 있다는 것을 알아냈어요. 행성이 있는 다른 항성들이 있는지 계속 열띤 연구가 진행되고 있기는 하지만, 이제는 '행성계'와 같은 현상이 우주 전체에 광범위하게 존재한다는 것이 거의 확실해 보입니다.
 그런데 매우 놀라운 사실이 새로 알려지게 되었지요. 우리 태양계에 비추어 우리가 예상했던 모양의 행성계는 지금까지 어디에서도 발견되지 않았어요. 태양계의 경우 거대한 행성들은 태양에서 멀 뿐 아니라 태양열이 거의 미치지 못하는 곳에 위치하는 반면, 태양계 밖 먼 행성계들은 완전히 다른 모습을 띠고 있답니다. 예컨대 태양 가까이에는 수성이나 금성같이 작은 행성들만 있는 데 반해, 태양계 밖의 다른 행성계에는 거대한 행성들이 그들의 항성에서 무척 가까운 주변을 돌고 있어요. 게다가 우리 태양계에 비해 그 행성계들은 매우 불규칙적으로 보입니다. 태양계 행성들의 궤도가 원형인 것과는 달리, 다른 행성계의 행성들(과학자들이 붙인 이름)은 극심한 타원형 모양의 궤적을 그리면서 중심에 있는 항성에 가까이 갔다 멀어졌다를 반복하지요.

따라서 위와 같은 불규칙한 특성들이 우리 은하수에 있는 행성계들의 공통점인지, 그리하여 매우 규칙적으로 움직이는 우리 태양계가 예외적인 경우인지, 아니면 그 반대인지를 알아보는 것이 관건입니다. 기술적인 이유로, 중심 항성에서 멀리 있는 작은 행성들보다는 그것에서 가까운 곳의 거대 행성들을 찾아내기가 훨씬 쉽답니다. 태양계 외 행성들에 대한 연구 초기에는 지구 크기의 수백 배에 달하는 태양계의 거대 행성들과 비슷한 천체들을 관찰했었죠. 하지만 이젠 그보다 작은 천체들에 대한 연구도 우주 탐지기의 성능 향상에 힘입어 적극

추진되고 있답니다. 최근에는 지구의 열 배 정도밖에 안 되는 행성들을 발견했는데, 앞으로 몇 년 후에는 지구와 비슷한 크기의 행성들까지 관찰할 수 있을 거예요.

과학자들이 일반적으로 인정하는 사실은(잘못 알고 있을지도 모르지만), 우리가 알고 있는 것과 같은 생명체는 지구와 비슷하거나 더 작은 크기의 행성들에서만 생성될 수 있다는 점이에요. 한데 그와 같은 천체들을 관찰할 경우, 정작 그곳에 생명체가 나타났다는 것은 어떻게 알 수 있을까요? 대답은, 그 천체로부터 발산되는 빛을 통해서입니다.

태양계 행성들이 발하는 빛을 원거리에서 관찰하고 분석한 결과는 특별한 단서들을 제공해주지요. 지구만이 빛의 스펙트럼 속에서 산소와 오존의 분자들을 보여주는 유일한 행성이랍니다. 지구 생명체가 대기 속에서 그 분자들을 유지시켜주거든요. 만약 다른 행성에서도 그런 현상이 확인된다면 생명체가 존재한다고 믿을 만한 중요한 근거로 볼 수 있습니다.

III

역사

37
아인슈타인의 해

 2005년은 '아인슈타인의 해'로 지정되었습니다. 상대성 이론의 1차 버전인 '특수 상대성 이론' 백주년을 기념하기 위해서였지요. 아인슈타인은 1905년에 이 이론을 발표하고 12년 후에는 '일반 상대성 이론'을 발표했어요.

 이 이론의 기원을 설명하기 위해서 비행기 승객, 특히 조종사들에게 친숙한 개념을 사용하기로 하죠. 바로 '지상속도'와 '대기속도' 말입니다. 비행기의 계기에 의해 측정되는 바람의 속도는 기체가 바람을 안고 나아갈 때는 더 높아지고 바람을 등질 때는 낮아지게 됩니다. 첫 번째 경우에는 바람의 속도가 비행기의 속도에 추가되고, 두 번째 경우에는 바람의 속도가 비행기의 속도에서 차감되기 때문이에요. (지금 이야기하는 것은 비행기의 대기속도와 관련이 있습니다.)

바람의 속도는 시속 수십 또는 수백 킬로미터인 반면, 빛의 속도는 초속 30만 킬로미터에 이르지요. 빛의 속도를 사상 처음 측정한 사람은 17세기 파리 천문대에서 일했던 올라우스 뢰메르입니다.

바람을 안고 나아가는 비행기의 경우와 마찬가지로, 19세기에는 빛의 속도가 관찰자의 움직임에 영향을 받는지 알아보려고 했어요. 빛과 같은 방향으로 이동하면 그 속도는 더 빨라 보이고, 반대의 경우에는 더 느리게 보이는지 말입니다.

이 질문에 답하기 위해 같은 별을 6개월의 간격을 두고(예를 들어, 6월에 한 번 12월에 한 번) 관찰해보았습니다. 왜 그랬을까요? 지구는 태양 주위의 타원형 궤도를 초속 30킬로미터의 속도로 이동한다는 사실을 잊지 맙시다. 어느 한 순간 지구가 태양 방향으로 이동한다면 6개월 후에는 그 반대 방향으로 이동하게 되겠죠. 따라서 첫 번째 경우에는 초속 30킬로미터의 속도 차이가 더해지고, 두 번째 경우에는 그만큼의 속도 차이가 덜해질 것으로 예상했던 겁니다.

그런 예상을 한 상태에서 실제 측정을 해보았는데, 결과는 어땠을까요? 속도 차이는 제로였습니다. 1년 중 어느 시기에 측정을 하더라도 빛의 속도에는 아무런 차이가 없었던 거죠.

수년 동안 이 역설적인 결과가 왜 나왔는지 설명하지 못했습니다. 관찰 방식과 결과의 신빙성을 문제 삼았지만 아무 진전 없이 미스터리는 풀리지 않았어요.

하지만 위의 관찰은 아인슈타인이 상대성 이론을 만드는 데 중요한 역할을 했답니다. 그는 다음과 같이 자문했어요. '이것을 통해 자연이 우리에게 던지는 메시지는 무엇인가?', '우리가 너무도 쉽게 확실하다고 여기는 선입견들 중에서 어떤 것들을 다시 문제 삼아야 할까?'

그의 고민은 열매를 맺게 되었는데, 시간과 공간에 대한 가장 근본적인 개념들을 재검토함으로써 문제를 해결할 수 있었답니다. 어떻게 그럴 수 있었을까요?

38
시간-공간

 빛의 속도란 관찰자가 광원과 관련해 어떤 움직임을 보이더라도 모든 관찰자에게 동일하다는, 이미 입증된 사실을 상기하도록 합시다. 그 점을 자연의 근본 속성으로 인정하면서 아인슈타인은 1905년 특수 상대성 이론을 만들었답니다.
 이론을 구축하기 위해 그는 3백 년 전 갈릴레오 때부터 과학자들이 확실하다고 여겼던 시간과 공간의 개념들을 다시 살펴보았지요.
 그렇다면 당시 반박의 여지가 없는 개념들이 무엇이었을까요? 하나는 시간이 모든 사람에게 동일하다는 것이었습니다. 더 정확히 말하면, 시간 측정을 하는 순간 관찰자가 어떤 물리적 조건에 속해 있더라도 그것과 무관하게 시간의 경과율이란 항상 동일하다는 것이죠. 모든 이에게 동일한 일종의 절대치라고 할 수 있습니다.

똑같은 절대치의 개념이 공간에 대해서도 적용됩니다. 실제로 동일한 기구를 사용하는 측량기사들이 동시에 측정하는 길이는 서로 동일할 수밖에 없습니다.

연극의 경우를 예로 들어보기로 합시다. 우선 배우들이 연기하는 x입방미터의 크기를 지닌 무대를 '연극의 공간'이라고 합시다. 다음으로 연극의 공연 시간을 두 시간으로 잡고, 이를 '연극의 시간'이라고 하죠. 연극이 진행되는 동안 배우들은 무대 위를 오가면서 대본에 정해진 정확한 시간에 대사를 발설합니다.

아인슈타인 이전의 세계는 일정한 시간에 여러 사건들이 일어나는 거대한 연극이었습니다. 연극에서처럼 시간과 공간은 얼핏 보기에 아무 상관 없는 듯 보였지요.

그런데 아인슈타인이 발견한 것은, 이런 관점을 가지고는 빛의 속도의 일관성을 이해할 수 없다는 사실이에요. 무언가를 포기해야만 했지요. 그는 시간과 공간의 실체가 밀접하면서도 복잡하게 연결되어 있다는 사실을 인정하면 모든 것이 명확해짐을 보여주었습니다.

요컨대 시간이 모든 사람에게 동일하게 지나가지 않는다는 것, 예를 들어 해변가에서 시간이 흐르는 속도는 쉬고 있는 관찰자보다 이동하는 항해자에게 더 느리게 느껴진다는 것을 인정하게 되었지요. 아인슈타인은 그 후로, 산 정상에서보다 골짜기에서의 시간이 더디게 흐른다는 것을 보여주었습니다(골짜기에서는 지구 중심부에 보다 가깝기 때문에 지구의 인력이 더 강하게 작용함). 시간의 속도차는 극히 미미해서(1년에 수십억 분의 1초) 우리의 감각으로는 느낄 수 없지만 현대 기술이 개발한 정밀기구로는 정확한 측정이 가능합니다. 여러 번에 걸쳐 측정이 이루어졌는데, 그 결과는 아인슈타인 이론에서 예측한 것과 정확히 일치했어요.

여러 명의 학자들이 일반 상식에 반한다고 하면서 이 이론에 반대했지만 상식이 사실보다 앞설 수는 없는 일이지요. 과학에서(다른 분야도 마찬가지이지만) 현실을 있는 그대로 받아들이는 것, 그것은 지혜의 시작이랍니다.

39

$E=mc^2$

 시간과 공간 개념의 상당 부분을 수정함으로써 아인슈타인은 1905년 빛의 속도에 관한 측정 결과가 왜 측정자의 속도에 상관없이 동일했는지를 이해할 수 있었어요. 이 새로운 개념들을 통합하기 위해 그가 발견한 $E=mc^2$라는 수학 공식은 곧 전 세계적으로 유명해집니다.

 이 공식은 과연 무엇을 뜻하는 걸까요? 우선 질량도 일종의 에너지라는 사실입니다. 이전까지 우리는 열에너지(열기), 운동에너지(몸의 움직임과 연관된 에너지), 화학에너지 등을 알고 있었지요. 아인슈타인은 여기에 또 다른 에너지를 추가했는데, 바로 질량 그 자체였습니다.

 에너지들은 서로 다른 에너지로 변환될 수가 있지요.

 ─ 열은 운동을 유발할 수 있고(자동차의 엔진에서),

— 화학에너지는 열을 만들어낼 수 있습니다(우리가 먹는 음식은 우리의 체온을 유지해줌).

아인슈타인은 또 다른 가능성을 덧붙였는데, 바로 질량이 열로 변환될 수 있다는 것이에요. 그런 현상은 정확히 태양 내부에서뿐 아니라 우주에 있는 모든 항성의 내부에서 일어나고 있답니다. 1초마다 태양은 4억 톤의 질량(지구에 있는 동산 하나와 맞먹는)을 잃는데 그것이 빛(빛의 에너지)으로 변환되지요. 태양의 질량은 그만큼 줄어들지만 다행히도 기존의 양이 워낙 엄청나기에 계속 살아남을 수 있고 앞으로도 수십억 년은 더 버틸 수 있답니다.

태양의 경우에는 질량이 빛 에너지로 변하지만, 역으로 빛 에너지가 질량으로 바뀔 수도 있어요. 예를 들어 실험실에서는 빛 에너지로부터 전자와 같은 질량 입자들을 만들어냅니다. 이런 변환은 한쪽 방향만이 아니라 양방향으로 이루어질 수 있지요.

이제 아인슈타인의 등식 $E=mc2$로 돌아가보죠. 이것은 환전소에 게시되어 있는 화폐들의 시세표처럼 일종의 계산식과도 같은 겁니다. 이 등식은 질량 1그램이 어느 정도의 에너지(빛, 열, 운동)를 얻을 수 있는지를 알려줍니다. 태양의 예를 다시 들어보기로 하죠. 이 공식에 따라 계산해보면, 1초마다 태양이 발산하는 빛은 4억 톤의 질량이 줄어드는 것에 맞먹는다고 할 수 있습니다.

이 공식은 핵물리학을 수립하는 데도 기초가 되었어요. 이것을 이용해서 입자가속기를 통해 연구되는 현상들의 정확한 평가를 할 수 있게 되었지요. 아울러 이 공식은 핵물리학에만 국한되지 않고 일상생활 속 수많은 상황들에도 적용된답니다. 예를 들어 삼림화재 시에 일어나는 일을 정확하고 완벽하게 계산해보면, 나무가 열과 빛 그리고 연기로 바뀌는 현상을 이 공식이 얼마나 잘 설명해주는지 알 수 있어요. 단, 상실된 질량의 몫은 아주 미미하다는 사실을 잊지 말아야 할 겁니다.

$E=mc^2$란 공식은 빛의 속도가 모든 관찰자에 의해 동일하게 측정되는 이유를 이해하려고 노력하는 과정에서 얻어낸 많은 중요한 결과물 중 하나랍니다.

40
빛의 속도

"세상 그 무엇도 빛보다 빨리 갈 수 없다." 이 말은 자주 반복되고 법칙으로까지 인정되고 있지만, 그 내용을 다룰 때는 매우 신중해야 하며 최초의 맥락에서 벗어나지 않도록 조심해야 합니다.

빛의 속도가 넘어설 수 없는 한계속도(최대속도)라는 생각은 아인슈타인 상대성 이론의 결론들 중 하나죠. 결론의 핵심 내용은, 하나의 물체가 빨리 가면 갈수록 그 질량은 증가하며, 속도를 높이기 위해서는 더 많은 에너지가 필요하다는 사실입니다.

비슷한 현상이 자동차의 휘발유 소비에도 적용되지요. 빨리 달리면 달릴수록 더 많은 에너지가 필요하고 연료소비는 그만큼 늘어납니다. 여기서 주의해야 할 것은, 이런 현상은 상대성이 아니라 자동차 기술에만 관련된 사실이라는 점이에요.

아인슈타인 이론으로 돌아가보죠. 한 물체의 속도가 빛의 속도에 가까워지면 그것을 가속하기 위해 필요한 에너지는 엄청난 양이 됩니다. 빛의 속도에 도달하면 거의 무한한 에너지가 필요할 정도죠. 그 경우 어떤 에너지원으로도 충족시킬 수 없겠지요. 오직 빛만이 그만한 속도에 도달할 수 있는데, 그것은 빛의 질량이 제로라는 단순한 이유 때문이랍니다. 실제로 빛은 초속 30만 킬로미터라는 한계속도로만 이동하지요.

하지만 어떤 상황들에서는 빛의 속도를 한계속도와 동일시할 수만은 없는데, 아주 간단한 예로 움직이는 물체의 그림자 속도를 살펴볼 수 있습니다. 그림자가 비추어지는 스크린이 물체로부터 매우 멀리 떨어진 경우, 그림자는 빛의 속도보다 더 빠른 속도에 도달할 수 있어요. 하지만 그 그림자가 어떤 정보도 전달하지 않기 때문에 한계속도의 원칙에 위배된다고 할 수는 없습니다. 아예 한계속도의 원칙이 적용되지 않는 경우인 거죠.

앞에서 (7장 참조) 은하수들의 속도 문제를 다룬 적이 있었죠. 천문학자들의 관찰에 따르면, 은하수들이 지구에서 멀면 멀수록 더 빠른 속도로 멀어져간다고 했습니다. 일정한 거리(약 수백억 광년)를 넘어선 은하수들은 빛의 속도에 도달하는데, 그 거리보다도 더 멀어지면 속도가 더 빨라져서 우리 눈에 보이지 않게 되는 거죠.

그렇다면 상대성 이론이 틀린 걸까요? 그렇지는 않습니다. 은하수들의 움직임은 우리가 흔히 말하는 것과는 달라서, 지구가 태양 주위를 돌듯이 공간 속에서 이동하는 것이 아니라 공간과 함께 이동하거든요. 확장하는 것은 우주 공간 자체이고 은하수들은 그 공간 속에 휩쓸려 들어가는 것입니다(5장 참조). 따라서 상대성 이론을 위반하지 않으면서도 은하수들은 빛의 속도보다 빠른 상대 속도로 이동할 수 있는 거죠.

더 신기한 것은, 빛의 속도를 최저속도로 하는 특이한 입자들의 존재 가능성을 상대성 이론이 인정한다는 사실입니다. 타키온(그리스어에서 '빨리'라는 의미)이라 불리는 이 입자들은 빛의 속도보다 더 빠른 속도로만 이동할 수 있다고 여겨지지요.

한 번도 관찰된 적이 없기 때문에 실제로 존재하는지는 모르지만, 언젠가는 실험실에서 그런 입자들이 탐지될 가능성이 전혀 없는 것은 아니에요. 사실 그것이 존재한다는 생각만으로도 여러 흥미로운 문제들이 제기된답니다. 만약 그런 입자들이 실재한다면, 시간을 되돌려 과거로 거슬러 올라가는 일이 가능함을 암묵적으로 가정할 수 있거든요. 공상과학 소설의 단골메뉴 말입니다.

결론적으로 말해, 물리학의 법칙들이란 원래의 적용분야를 벗어나 마구잡이로 확대 해석되어서는 여간 곤란하지가 않습니다. 상상치 못한 혼란을 초래할 수도 있거든요.

41
우주에 대한 이론의 가능성

아인슈타인의 상대성 이론은 두 가지 매우 다른 버전이 있는데, 그 첫 번째는 1905년, 두 번째는 1917년에 각각 발표되었습니다. 앞의 몇 장에서 소개한 내용은 첫 번째 버전 즉, 특수 상대성 이론에만 관련된 것이지요. 기본적으로 이 이론이 관심을 갖는 문제는 중력장이 매우 약한 공간에서의 물체의 움직임입니다. 물론 우리는 발밑에 있는 지구의 중력장에 사로잡혀 살고 있지만, 우주 전체와 비교할 때 이 중력장은 너무 약해서 그냥 무시할 수도 있답니다. 하지만 어떤 별들, 중성자별이나 블랙홀 가까이에서는 상황이 달라져, 중력이 가장 중요한 역할을 담당하죠(27장 참조). 이처럼 우리가 살고 있는 지구와는 상황이 아주 다른 천체들의 경우, 기막히게 적용되는 또 다른 이론이 바로 '일반 상대성 이론'입니다. 이제 그것에 관해 알아보도록 하죠.

본격적인 논의에 앞서 우선 최초의 중력 이론인 17세기 뉴턴의 이론부터 살펴볼까요. 이 이론은 태양 주위를 도는 행성들의 움직임을 아주 성공적으로 설명했는데, 빛보다 훨씬 느린 속도를 가진 물체들의 움직임에는 매우 적절하게 적용되는 이론입니다. 예를 들어 태양 주위를 도는 지구의 움직임을 보면, 초속 30킬로미터인 그 속도와 초속 30만 킬로미터인 빛의 속도가 서로 극명하게 대비되죠. 지구 속도는 빛의 속도의 만 분의 1에 불과합니다.

반면 가속기 안에서 빛의 속도에 버금가는 속도로 움직이는 전자들을 설명하는 데 뉴턴의 이론은 무용지물입니다. 이 경우에는 반드시 '일반 상대성 이론'을 활용해야죠. 심지어 태양을 도는 수성의 움직임(초속 40킬로미터)을 연구하려 해도 뉴턴의 이론은 결점을 드러내기 시작합니다. 수성의 궤도를 정확하게 설명한 것은 '일반 상대성 이론'의 첫 번째 성과들 중 하나이니까요.

이번 기회에 중요한 사실 하나를 지적하자면, 일반적으로 물리학의 발전이란 과거 이론들을 단순히 부정함으로써 이루어지는 게 아니라는 것입니다. 수성의 경우 '뉴턴은 틀렸고, 아인슈타인이 맞다'라고 말할 수만은 없어요. 옳고 그름의 문제라기보다는, 특정 물리학 이론의 적용 범위가 얼마만큼 확장될 수 있느냐의 문제이기 때문이죠. 달리 말해, 뉴턴보다는 아인슈타인을 통해 더 많은 것을 이해할 수 있다는 뜻입니다. 따라서 뉴턴의 이론은 빛의 속도보다 느린 움직임에 대해서 유효할 뿐, 그보다 빠른 속도의 운동들을 연구할 때는 아인슈타인 이론으로 보완해야 하는 거죠.

일반 상대성을 다룰 때도 이와 비슷한 상황을 경험하게 됩니다. 실제로 '일반 상대성'은 '특수 상대성'이 확장된 것이죠. 중력장이 엄청나게 강한 공간의 천체들을 연구할 때 그런 이론적 확장이 필요했던 것이죠. 천문학자 입장에서 일반 상대성 이론의 강점 중 하나는, 특정한 천체들뿐 아니라 우주 전체, 다시 말해 상호간 중력의 영향하에 있는 은하수들 전체에 대한 연구까지 그로써 가능해진다는 점입니다(18장 참조). 그런 식으로, 아인슈타인의 '일반 상대성 이론'은 훗날 빅뱅 이론의 초석이 된 것이지요.

42

피사의 사탑

훌륭한 연구자의 자질 중 무엇보다 중요한 것은 제대로 된 질문들을 찾아내는 것인데, 아인슈타인은 이 점에서 탁월한 사람이었어요. 앞 장에서 얘기했듯, '특수 상대성'은 빛의 속도가 관찰자의 움직임과 상관없이 모든 관찰자에 의해 동일하게 측정된다는 사실을 바탕으로 합니다. 아인슈타인은, 얼추 보기에도 놀라운 이 사실(모든 관찰자에게 빛의 속도는 동일하다)을 반박할 여지가 없는 것으로 받아들이려면 지금껏 명백하다 여기던 생각들 중 어떤 것을 문제 삼아야 하는지 자문해보았어요.

그는 시간과 공간의 전통적 개념의 절대성을 문제 삼으면서 해결점에 도달할 수 있었습니다. 즉 상대성의 개념을 도입했는데, 그것이 곧바로 이론의 명칭이 되었지요. 사실 그는 새로운 '절대성'을 도입한 셈인데, 바로 시간-공간의 개념이 그것입니다. 그런 뜻에서 이론에 '상대성'이라는 이름을 붙인 것은 아쉬운 점이라고 볼 수도 있어요. 요컨대, 아인슈타인을 인용한답시고 "모든 것은 상대적이다"라고 말하는 것은 넌센스란 얘기지요.

'일반 상대성'이란 개념은 사실 피사의 사탑 위에서 갈릴레오가 했던 실험들을 재검토함으로써 만들어졌답니다. 갈릴레오는 질량이 다른 금속공들을 같이 떨어뜨림으로써 그것들이 동시에 땅에 떨어진다는 사실을 발견했지요. 한데 이러한 동시성이 놀라운 이유가 대체 무얼까요? 그런 현상이 놀랍고 문제가 되는 이유 말입니다.

선험적으로는 가장 무거운 공이 제일 먼저 떨어질 것이라고 누구나 생각할 수 있지 않겠습니까? 물체에 미치는 중력의 힘은 그것들의 질량에 따라 달라, 가장 무거운 공이 다른 것보다 빨리 떨어진다고 상상할 수 있을 테니까요.

게다가 물체의 질량이 크면 클수록 그것을 움직이기가 더 힘들다는 사실도 고려할 대상입니다. 예를 들어 자전거가 기차보다 빨리 출발하는 걸 보세요. 이런 물체의 특성을 '관성'이라고 하는데, 이는 곧 물체가 움직임을 시작할 수 있는 능력(혹은 무능력)을 의미합니다.

갈릴레오의 실험을 통해 알게 된 것은, 커다란 공의 관성이 그것의 질량이 유발하는 중력의 증가분을 정확하게 상쇄한다는 사실이었어요. 그 때문에 크기가 작건 크건 모든 공은 동시에 땅에 떨어지게 되는 겁니다(물론 공기의 저항은 고려하지 않음). 요컨대, 아인슈타인은 이 사실이 훨씬 더 심오한 진실을 감추고 있음을 간파한 겁니다. 그는 특정한 공의 특성(질량, 관성)과 보편적인 중력현상 사이에 어떤 관계가 있는지를 자문해 보았어요.

그가 얻어낸 대답은 물리학 전체를 뒤흔들어놓았는데, 일상적인 의미에서의 중력이라는 개념 자체가 문제시되었기 때문이랍니다.

단도직입적으로 말해 일반 상대성 이론이 주장하는 것은, 물체들의 질량이 주변 공간의 모양을 변형시킨다는 거예요. 이런 변형은 공간의 국지적 곡률을 통해 구체화된답니다. 곡률은 어떤 공간 속에 존재하는 물체들의 움직임에 영향을 미치죠. 예를 들어, 지구의 질량에 의해서 만들어지는 공간 곡률 때문에 달(그리고 모든 인공위성들)은 먼 우주로 도망가지 않고 지구 주위만을 돌게 되는 것입니다. 이러한 곡률은 물체들을 포로로 잡아두는 사슬과도 같아요. 이는 다음과 같이 설명할 수 있을 겁니다. 달은 지구 중력장에 의해 휘어진 보이지 않는 철로 위를 이동하며, 중력장은 그 달이 끊임없이 같은 궤도를 돌도록 만드는 거죠.

이는 태양 주위를 도는 지구와 행성들은 물론, 우리 은하수의 중심부와 그 블랙홀 주위를 맴도는 모든 항성에도 해당되는 사실입니다.

이를 우주론과 연결시키기 위해서는 우주 공간 전체의 곡률을 짚어보아야 합니다(13장 참조). 관찰 가능한 우주의 차원에서 볼 때, 빛(우주 배경복사)의 화석에 관한 분석은 우주 공간의 곡률이 제로라는 것을 알려주지요.

43
1919년의 일식

 17세기에 태양 주위를 도는 행성들의 움직임을 설명하기 위해서 뉴턴은 '원격 작용'이라는 개념을 도입했습니다. 태양이 1억 5천만 킬로미터 떨어져 있는 지구를 끌어당긴다고 설명했지요. 이 개념은 당시 과학자들에게 홀대를 받았는데, 그들은 데카르트가 소개한 '접촉 작용'이라는 개념을 더 좋아했어요. 하지만 아인슈타인 때에 와서 (힘의) 작용이라는 개념 자체가 사라지게 되지요. 그 대신 거대 질량의 물체에 의한 공간 모양의 변형이라는 개념이 등장했어요. 태양 주변 공간의 곡률만으로도 지구가 1년 동안 공전한다는 것을 설명하기에 충분했습니다.

 한데 이런 설명이 혹시 말장난은 아닐까요? 작용이란 개념을 공간 모양의 변형이라는 개념으로 대체함으로써 상황을 쓸

데없이 복잡하게 만든 것은 아닐까요? 중요한 것은 특정 이론의 효율성인데, 뉴턴 이론은 수성의 궤도 운동을 설명할 수 없었던 반면, 아인슈타인 이론으로는 가능했답니다. 효율성이라는 개념은 과학에서 매우 중요합니다. 어느 특정한 이론보다 다른 이론이 더 많은 물리 현상들을 설명해주는 경우, 앞의 이론은 뒤의 이론에 의해서 대체되고, 이때 새로운 이론이 이전 것보다 더 복잡하더라도 그것을 채택하게 되지요.

이제 다시 갈릴레오가 다양한 질량의 금속공들을 떨어뜨리면서 그 움직임을 관찰했던 피사의 사탑으로 돌아가봅시다. 아인슈타인의 새로운 개념은 그 공들이 동시에 땅에 떨어지는 현상을 과연 어떤 식으로 설명할까요? 대답은 간단합니다. 물체의 움직임이 그것의 개별적 특성이 아닌 공간의 모양과 관련된 것이라면, 일정 공간의 모든 공들이 각각의 질량과 상관없이 동일한 방식으로 움직인다는 사실을 이해하는 것은 어렵지 않은 일이지요.

아인슈타인의 이론은 1919년에 발생한 일식현상과 맞물려 대단한 대중적 성공을 거두었답니다. 빛 자체의 움직임도 거대 질량 물체들에 의해서 결정되는 곡률의 영향을 받게 되거든요. 이를 근거로 해서 아인슈타인은 태양이 달의 표면 뒤로 사라지는 순간, 어두워진 하늘에서 태양 뒤쪽에 있는 별들을 볼 수 있을 것이라고 예상했답니다. 실제로 그 별들이 발산하는 빛은 태양 주위를 통과할 때 그 질량 때문에 굴절되면서 태양을 우회하여 지구에 도달하는 것이었습니다.

아인슈타인의 예상은 같은 해 일식을 관찰했던 영국 천문학자 에딩턴에 의해 확인되었습니다. 이 소식이 전 세계 신문을 통해 알려지면서 아인슈타인은 세계적인 유명인사가 되었지요. 사람들에 따르면, 자신의 이론이 입증되었다는 희소식을 듣고도 아인슈타인은 전혀 놀라지 않았다고 해요.

이 이야기는 모든 연구에 적용되는 과학적 연구 과정의 좋은 예라고 할 수 있지요. 일반 상대성과 같은 새로운 이론은 사실의 부합 여부에 관한 검증을 받으며, 실제적인 관찰을 통해 이론이 예측한 것들을 확인받게 됩니다. 일반 상대성 이론은 그 이후에도 수많은 성공을 거두어서 과학자들에게 매우 신빙성 있는 이론으로 인정받게 되었지요.

44
실재(현실)는 생각만큼 복잡하지도 단순하지도 않다

 알버트 아인슈타인의 연구 경력은 완전히 다른 두 시기로 구분되는데, 첫 번째는 엄청나게 많은 열매를 맺었던 시기이고, 두 번째는 아무런 성과도 없는 시기였어요.

 첫 번째 시기는 대략 20세기 초부터 1925년까지랍니다. 이 시기에 그가 만든 두 개의 위대한 상대성 이론은 물리학 전체를 뒤흔들면서 빅뱅과 관련된 우주론의 초석이 되었습니다. 그는 또한 광전기의 효과에 대한 설명을 제시했는데, 이것은 양자 물리학의 발전(20장 참조)에 중요한 역할을 하게 됩니다. 다음으로 유체 속 입자들의 브라운 운동(무질서한 운동)에 대한 해석은 물질의 원자구조 이론을 입증할 수 있게 해주었어요.

 이후 그는 생애 마지막 30년 동안 한 가지 꿈을 추구했는데, 그것은 비현실적이었던 것으로 판명이 났습니다. 요컨대 당대의 지식들을 바탕으로 물질에 대한 '최종' 이론을 만들고 모든 물리적 운동의 통합방정식을 고안해내는 것이었지요. 위에 말한 두 시기에 걸친 그와 같은 변화를 어떻게 이해할 수 있을까요? 내 생각에는 아인슈타인의 중요한 성격적 특성과 관계가 있는 것 같아요. 그것은 바로 세계를 바라보는 자기 방식에 대한 무한한 신뢰죠. 그는 합리성을 통해 모든 것을 할 수 있다는 확고한 신념을 가지고 있었어요. 2천 년 전부터 피타고라스와 플라톤에 의해 기초가 다져지고 갈릴레오에 의해 보다 확실하게 표현한 철학적 전통에 충실했던 그는 개념들과 명확한 사고 그리고 수학을 통해서 세계를 완벽하게 이해할 수 있다고 보았습니다.

세계는 인과법칙이 지배하므로, 원인은 결과를 낳고 결과는 원인에 의해 유발된다는 식입니다. 우연이란 우리의 무지에 대한 변명일 뿐이라고 생각한 거죠. 시몽 드 라플라스처럼 미래는 전적으로 결정되어 있다고 믿었습니다. 게다가 그는 우리가 흔히 말하는 의미에서 '세계의 실재'가 있다고, 즉 우리의 지각과 무관하게 세계는 객관적으로 존재한다고 여겼지요.

이런 믿음들은 그에게 지대한 영향을 미치면서 놀라운 정신적 활력을 불어넣었고, 덕분에 그는 자신의 어려운 계획을 끝까지 완수할 수 있었어요. 그 계획이란 바로 시간, 공간, 에너지와 중력에 의해 유발되는 모든 운동에 대한 기존의 관점을 바꾸는 것이었어요.

상대성 이론은 중력의 영향을 받는 물질의 움직임을 극히 간단한 방식으로 설명해주었습니다. 수성의 비정상적인 궤도, 빛의 굴절과 블랙홀의 존재는 공간의 곡률을 물질과 공간 속 에너지에 연결시켜 다루는 기본 방정식에 의해서 설명될 수 있습니다. 수학은 복잡하기는 하지만 그 기초가 되는 사고는 의외로 간단하지요. 하지만 양자 물리학을 자신의 세계관에 통합하려던 그의 시도는 결국 실패로 끝나고 맙니다.

기 드 모파상이 인생에 대해서 했던 말("우리의 인생이란 사람들이 생각하는 것처럼 그렇게 행복한 것도 불행한 것도 아니다")을 바꾸어서 표현하자면, '실재(현실)는 우리가 생각하는 것처럼 그렇게 복잡하지도 단순하지도 않다'라고 말할 수 있을 거예요.

45

"알버트, 신에게 이래라저래라 지시하는 것을 그만두세요!"

아인슈타인의 연구 경력을 계속 살펴보기로 할까요? 앞에서 설명한 것처럼 대략 1925년까지 물리학에 혁명을 일으켰던 첫 번째 시기가 지난 다음, 그의 과학 연구 활동은 점점 줄어들어 말년에는 이렇다 할 성과를 내지 못하게 됩니다.

상대성 이론은 극도로 복잡하다고 여겼던 분야들이 실제로는 매우 단순하다고 주장했는데, 1920~30년대 양자 물리학의 등장과 더불어 상황은 달라졌어요. 보어, 슈뢰딩거, 하이젠버그와 다른 많은 과학자들 덕분에 이 이론은 원자와 분자 및 빛의 운동에 관해 매우 만족스러운 설명을 제시하게 됩니다. 양자 물리학의 예측과 실험 결과들은 놀라울 정도로 맞아떨어졌어요. 아인슈타인도 그것을 알고 있었지만 이론 자체에 대해서는 상당히 불만스러워했지요. 우선 이론이 어느 정도의 불확실성을 상정하는 입장이었어요. 과학 이론상에 우연이라는 요소가 고개를 내민 거라 할 수 있지요. 앞 장에서 말한 것처럼 우연이란 것이 우리의 무지를 감추기 위한 변명이기보다는, 물질의 운동과 깊은 관련이 있는 요소로 여겨지게 된 겁니다.

결정론적 관점에 입각해 우주 탐구에 그토록 깊이 파고들 수 있었던 아인슈타인은 양자 이론이 일시적인 것에 불과하며 연구가 심화될수록 그 이론에서 말하는 우연은 사라지게 될 것이라고 생각했지요.

그는 이 문제를 놓고 30년 동안 연구하지만 아무 성과도 내지 못합니다. 아인슈타인이 닐스 보어에게 "나는 신이 주사위 놀이를 한다고는 믿을 수 없습니다"라고 말했을 때, 보어는 다음과 같이 친절하게 말했다고 해요. "알버트, 신에게 이래라저래라 지시하는 것을 그만두세요!"

양자역학은 아인슈타인의 또 다른 신념에 중대한 도전을 한 것이었는데, 그것은 바로 우주의 객관적 실재(현실)에 대한 믿음이었지요. 양자역학은 자연을 관찰하기 위해 사용된 방법이 연구 결과에 영향을 미친다고 보았거든요. 우리의 연구 방식과 무관하게 우리 외부에 존재하는 세계란 실험실에서의 관찰 결과와 일치하지 않는다는 사실을 인정할 수밖에 없었답니다.

이에 당황한 아인슈타인이 보어에게 "'내가 바라보지 않으면 달은 존재하지 않는다'라고 말하지 마세요"라고 했을 때 보어는 여전히 친절하게 다음과 같이 말했단다. "그것을 제가 어떻게 알겠어요?"

세계는 아인슈타인이 생각한 것처럼 단순하지 않아서 물리학의 법칙들이 전적으로 미래를 결정짓는 것은 아니랍니다. 인과관계도 단순하게 드러나는 것이 아니라서 하나의 원인은 단 하나의 결과만이 아니라 다양한 결과들을 초래할 수 있지요. 수학 방정식은 미래에 일어날 일을 완벽하게 예측할 수 없고 기껏해야 그 확률만을 계산할 수 있을 뿐입니다. 미래가 현재 속에 결정되어 있는 것도 아니고요.

요컨대, 아인슈타인은 물질적 실재에 대한 확고한 믿음을 가지고 있었어요. 그 믿음이 실재와 일치하는 한도 내에서 그의 노력은 수많은 열매를 맺고 눈부신 성공을 거두었는데, 그의 경력 중 첫 번째 시기가 여기에 해당하지요. 반대로 믿음이 더 이상 적용될 수 없는 분야들로 나아가자 그의 노력은 아무 성과도 거두지 못했답니다. 아인슈타인은 실재에 내재하는 단순성은 정확히 보았지만, 그와 동시에 실재에 내포된 복잡성은 과소평가한 겁니다.

46

아인슈타인과 우주론

　아인슈타인의 연구 활동은 현대 우주론의 발전과 밀접한 관련이 있습니다. 그는 현대 우주론의 발전에 지대한 공을 세운 반면 예의 확고한 믿음 때문에 그 분야에서 가끔 손해를 보곤 했어요.

　아인슈타인은 우주의 크기가 유한하고 일정하다고, 다시 말해서 시작도 끝도 없이 영원하다고 생각했습니다. 아폴로적인 성향의 그리스 철학자들처럼 무한이라는 개념(2장 참조)을 거부한 거죠.

　자신의 이론에서 제시된 방정식들이 우주의 전체적인 운동 가능성을 함의하는 것으로 보였을 때, 그는 대단히 놀랐답니다. 수축과 확장 두 가지 모두가 가능해 보였거든요. 우주의 운동을 부정하고 우주가 안정된 상태라는 것을 보이기 위해 그는 '우주 상수'(20장 참조)라는 새로운 수학 용어를 만들었는데, 이 용어로 말미암아 놀라운 사건들이 수없이 벌어지게 됩니다. 하지만 그의 이런 노력은 수학적인 이유와 천문학적인 이유 때문에 수포로 돌아갔어요.

우선 수학적인 이유를 들자면, 우주 상수를 내세워 우주의 전체적인 운동을 부인할 수 없다는 것이 입증되었습니다. 다음으로 천문학적인 이유를 말하자면, 에드윈 허블 덕분에 1920년대 바로 직후 우주가 전체적으로 움직이고 확장 중에 있다는 사실을 발견했어요.

1928년경 벨기에 신부 조르주 르메트르가 빅뱅 이론의 원조격인 원시 원자 이론을 내놓았을 때 아인슈타인은 부적절한 반응을 보였습니다. 그는 이런 편지를 보냈어요. "당신의 수학은 정확하지만 당신의 생각들은 형편없군요." 하지만 그 이후 이론을 뒷받침해주는 관찰들이 계속 소개되자 잘못을 인정하고 새로운 우주론을 수립하는 데 그 자신도 참여하게 되었지요.

이 이야기는 스스로 미리 정한 믿음들이 잠재적으로 발휘할 수 있는 긍정적인 효과와 부정적인 효과를 보여주는 또 다른 예라고 할 수 있어요. 긍정적이라 함은 그 믿음들 덕분에 그가 우주론에 관심을 갖게 되었기 때문이고, 부정적이라 함은 정지된 우주라는 생각을 고집함으로써 자신의 이론에 나오는 방정식이 암시하는 메시지를 무시했기 때문이랍니다. 그렇지 않았다면 관찰을 통해 확인되기 10년 전에 이미 우주의 팽창을 예측할 수 있었겠죠. 아인슈타인은 수학이 실재에 적용되는 과정에서 발휘하는 힘을 한편으로는 지나치게, 다른 한편으로는 너무 약하게 믿었던 겁니다. 시간이 흐른 뒤 우주 상수라는 개념을 포기하면서 그는 다음과 같이 말했지요. "그것은 내 인생에서 가장 큰 실수였다."

더 이상 기억하지 않으려는 아인슈타인의 바람에도 불구하고, 우주 상수는 그의 사후에도 여러 번 다시 등장합니다. 요즘에는 우주가 확장되고 있을 뿐 아니라 그 확장이 가속화되고 있다는 사실을 바로 이 개념을 원용해서 설명하고 있지요. 이 개념은 또한 암흑물질의 존재를 알려주는 일종의 전조와도 같답니다.

47
디락(Dirac) 방정식

 이제 아인슈타인의 세계를 떠나서 또 다른 위대한 현대 물리학자인 폴 디락(Paul Dirac)의 세계를 다루기로 하죠.
 1920~30년대의 역사적 상황으로 다시 돌아가보면 두 개의 위대한 발견이 물리학에 놀라운 혁명을 일으킨 것을 알 수 있는데, 그것은 바로 상대성 이론과 양자 물리학이었지요. 두 이론은 대단한 성공을 거두었지만 관련분야는 서로 달랐습니다.
 수학에 심취했던 영국 물리학자 디락은 양자 물리학과 상대성 이론의 방정식들이 서로 양립하지 않을 뿐 아니라 모순되기까지 하다는 것을 발견했어요. 아인슈타인의 방정식들은 양자 물리학의 방정식들과 무관한 것이고, 그 반대 또한 마찬가지라고 말입니다. 이 문제에 직면해서 디락은 실재(현실)는 하나이기에, 논리적으로 볼 때 그것을 설명하는 방정식들은 실재가 드러내는 모든 양상을 통합할 수 있어야 한다고 생각했습니다. 요컨대, 상대성 이론과 양자 물리학의 불일치하는 부분들이 제거되어야 한다고 여긴 거죠.

그래서 디락은 특수 상대성과 양자 물리학의 성과들을 통합할 수 있는 좀 더 일반적인 방정식을 만들기로 하고, 비범한 노력 끝에 목표를 이루게 되었답니다. 그렇게 만들어진 '디락 방정식'은 매우 난해했습니다. 당시로서는 무척 생소한 수식들로 가득 들어찬 고도로 복잡한 방정식이었지요. 실재가 그만큼 복잡하기 때문이었을까요? 그것은 디락 본인에게도 무척 당혹스러운 점이었습니다.

방정식의 풀이는 해석이 매우 까다로웠지만, 그 첫 번째 결과는 좋은 징조를 보이는 듯했어요. 그것은 자기장 속에서의 전자의 움직임(5번 사진 참조)과 관계되는 것이었지요.

방정식이 만들어지기 전에도 전자가 자기장을 통과할 때 굴절된다는 것은 익히 알려진 사실이었어요. 구체적인 비유를 위해 사람들은 전자가 작은 '자석'과 같다고 상상했지요. 예를 들어 지구본처럼 빠른 속도로 자전하는 작은 공과 비슷하다고 생각했습니다. 이런 관점에서, '스핀(spin)'이라 불리는 전하를 띤 입자의 회전운동이 자기장 내에서 일어나는 전자의 특이한 움직임을 해명해준다고 보았습니다. 전자는 시계방향 또는 반대방향으로 자전할 수 있기 때문에, 서로 다른 두 방향으로 굴절될 수도 있다고 판단한 거죠.

무엇보다도 디락 방정식의 최고 성공 요인은, 스핀이라는 운동이 그 방정식에서 자연스럽게 추론되는 특성이라는 데 있습니다. 스핀은 상대성 이론과 양자 물리학의 성과들을 통합할 때 자연스럽게 드러나는 특성이기에, 인위적으로 그 존재를 가정할 필요가 없어진 거죠.

사실을 지나치게 단순화하지 않는 의미에서 좀 더 자세히 이야기하자면, 스핀은 전자의 실제 회전과는 아무런 관계도 없답니다. 실재에 대해 깊이 연구하는 단계에서는 너무 단순화된 이미지에 속지 않도록 조심해야죠.

여기서 덧붙여야 할 것은, 앞에 말한 두 이론의 통합은 아인슈타인이 1905년에 발표한 특수 상대성 이론에만 국한된다는 사실이에요. 즉, 중력이 제로이거나 매우 약한(예컨대 지구 표면) 상황에서만 적용된다는 얘기죠. 양자 물리학과 일반 상대성 이론(중력의 영향을 포함하는)의 통합은 여전히 현대 물리학이 풀어야 할 주요 숙제들 중 하나로 남아 있습니다.

48
반물질의 존재 가능성

 양자역학과 특수 상대성 이론을 통합하기 위해 만든 방정식에 대해서 후에 디락은 다음과 같이 말했습니다. "내 방정식은 나보다 훨씬 더 똑똑하다." 그의 방정식은 자기장 내 전자들의 굴절을 유발하는 스핀현상을 기술하는 데 그치지 않고, 반물질의 존재 가능성까지 예고했어요.

 음전하를 띠는 가벼운 입자인 전자의 존재는 방정식이 나오기 30년 전부터 알려져 있었습니다. 수학 용어로 이루어진 디락 방정식은 전자와 쌍둥이처럼 닮은 또 다른 입자의 존재를 예고했지요. 이 입자는 전자와 모든 면에서 비슷하되 딱 한 가지 차이만 있는데, 바로 양전하를 띠고 있다는 사실입니다. '양전자' 또는 '반전자'라 불리는 그것은 반물질을 구성할 대가족의 첫 번째 대표라고 할 수 있습니다.

이와 관련해서 당연히 다음과 같은 질문을 할 수 있었겠죠. "이 입자는 자연 속에 실제로 존재하는가, 아니면 하나의 생각, 수리논리의 필요에 의해서 만들어진 '이성의 산물'에 불과한가?" 그 대답은 2년 후에 얻게 되었어요. 공간 속에서 빠르게 이동하는 입자들인 '우주광선'을 탐지하기 위해 하늘 높이 띄워 올릴 애드벌룬용 사진 건판을 개발하는 과정에서 서로 비슷하지만 전하가 다른 두 입자들이 통과하며 남긴 어둡고 다양한 흔적들을 발견하게 되었는데, 그 두 입자가 바로 전자와 반전자(5번 사진 참조)였답니다. 반전자가 실제로 존재했던 것이죠.

또한 상공에서 찍은 사진들을 인화하다가 전자와 양전자가 언제나 함께 나타난다는 사실도 알게 되었는데, 그 둘의 결합을 입자-반입자 쌍이라고 부릅니다.

지금까지 살펴본 것을 요약해볼까요? 디락은 실재가 방정식들을 통해 설명될 때 양립하지 않거나 일관성 없는 면들을 보이는 이유는, 이론이 불완전하기 때문이라고 믿었어요. 그런 믿음하에 그는 결국 새로운 방정식을 다듬어냈고 장차 물리학과 천문학의 발전에 도움될 다음 두 가지 정보를 받아들였답니다.

그 첫 번째는 이미 잘 알려진 전자의 특성, 즉 자기장 안에서 전자가 굴절된다는 사실이에요(5번 사진 참조). 자전하는 공 모양의 물체 같은 지나치게 단순화된 이미지는 '스핀'이라 불리는 전자의 내재적 특성의 개념으로 대체되었는데, 그것이 존재한다는 사실은 디락의 방정식으로부터 자연스럽게 추론되는 것이었지요.

두 번째 정보는 전혀 예상치 못한 것이었는데, 양전하를 띠는(음전하를 띠는 보통 전자와 달리) 일종의 전자 쌍둥이가 존재한다는 예측이었어요. 이 예측은 몇 년 뒤 사실로 확인되었지요. 이것을 통해 반물질의 세계를 주제로 하는 물리학의 새 장이 열린 셈입니다.

49
반물질의 발견

 반물질의 발견에는 1930년대의 아인슈타인 이론과 원자 물리학의 통합을 위해 애쓰던 물리학자 폴 디락의 생각들이 큰 몫을 했습니다. 반전자(양전자)는 1932년 우주광선 속에서 처음 발견되었는데(5번 사진 참조), 지금은 핵물리학 실험실의 입자가속기를 통해 수십억 개도 만들어낼 수 있지요.

 성질이 비슷한 쌍둥이입자의 존재가 전자에만 국한된 현상이 아니라는 것도 추후에 확인된 사실입니다. 모든 기본입자들은 자신과 유사한 입자와 쌍을 이루지요. (일반 양자와 달리) 음전하를 띠는 반양자는 1950년대 실험실에서 발견되었어요. 이와 같이 쌍을 이루는 입자들의 목록을 유형별로 만들어 원자물질과 핵물질의 속성들을 연구하는 데 활용해왔답니다.

 요즘은 반양자와 반전자를 결합해 반수소를 만들어내는데,

이것은 일반수소와 모든 면에서 비슷하되 핵의 전하(반양자)와 궤도입자(반전자)만 반대 성질을 띠는 원자입니다. 이렇게 비슷한 쌍을 갖는 성질은 중성미립자와 쿼크에 이르기까지 확인되지요(53, 56장 참조).

물질과 반물질의 중요한 특성 한 가지는, 입자들과 반입자들이 계속 존재하기 위해 서로 거리를 두고 떨어져 있어야 한다는 것입니다. 같은 시간 같은 장소에 있게 되면 그것들은 곧바로 사라지거든요. 이것을 흔히 입자들이 '서로를 소멸시킨다'라고 하는데, 사실은 빛이나 다른 입자들로 변환되는 것이에요.

이런 현상은 많은 에너지를 발산하는데, 입자의 질량이 빛에너지로 바뀌는 것이랍니다($E=mc2$라는 공식을 상기합시다). 입자들의 쌍이 광자로 변환되는 것이죠.

이 과정에서 빛은 특별한 역할을 한답니다. '광자들(빛의 알갱이들)'은 쌍둥이가 없기 때문에 반광자라는 것도 존재하지 않아요. 더 정확히 말하면, 광자들은 자기 자신의 반입자들인 셈입니다.

빛은 물질과 반물질 사이의 중간세계를 구성한다고 간주할 수 있어요. 입자들의 한 쌍은 서로를 소멸시키면서 빛으로 변하는데, 그 반대의 경우도 가능하답니다. 빛으로부터 입자와 반입자로 이루어진 쌍들이 만들어질 수 있어요. 이 현상을 '(입자) 쌍들의 창조'라고 부릅니다. 입자들의 소멸과 창조라는 두 가지 현상은 지구의 입자가속기뿐 아니라 우주의 항성들과 은하수들에서도 수없이 일어난답니다.

1932년에 처음으로 발견된 반전자들은 하늘 높이 띄워 올려진 애드벌룬의 사진 건판들에 우주광선들이 충돌하면서 발생했어요. 이것이 바로 입자 쌍들의 창조인 셈인데, 그 당시 찍은 사진을 인화할 때 드러난 상이한 모양의 흔적들을 통해서 반전자들의 짝들(전자)이 포착되었습니다. 이 반전자들은 이후 우주론에서 매우 중요하게 작용할 특성 하나를 우리에게 알려주었어요. 다름 아닌, 특정한 반입자의 발생이 반드시 그에 상응하는 입자의 발생을 동반한다는 특성 말입니다. 예를 들어 하나의 반전자는 언제나 하나의 전자와 결합되어 있답니다(5번 사진 참조).

50
반물질은 어디로 갔나?

이제부터는 물리학자 디락이 이론적으로 발견하고 실험을 통해 확인한 불가사의한 반물질의 세계에 대해 이야기해보기로 합니다.

물질과 반물질은 그것들을 구성하는 입자의 전하(또는 몇 가지 다른 속성들)만 다를 뿐 매우 비슷한 속성들을 공유하는 두 개의 유사한 세계처럼 보입니다. 앞에서 본 것처럼, 전자들은 음전하인 반면 반전자들은 양전하를 띠고 있지요.

그런데 자연은 반물질보다 물질을 더 선호했던 것 같아요. 우리 주변의 모든 것은 물질이고 반물질은 극히 드무니까요. 반물질을 입자가속기로 만들려면 돈이 많이 들지요. 행성들과 항성들 사이를 통과하는 우주광선 속에서는 극소량만이 발견될 뿐이고요.

실험실에서 입자와 반입자의 쌍들이 언제나 동시에 생성된 다는 점을 감안하면, 입자와 반입자의 수에 그토록 큰 차이가 있다는 사실이 놀랍게 여겨집니다. 전자가 발생할 때마다 반 전자도 동시에 발생하는 거라면, 자연과 우리 몸과 항성들의 전자를 만들어낸 우주의 초기 고온 핵반응(22장 참조)에서도 같은 현상이 벌어졌을 거라 생각할 충분한 이유가 있는 거죠. 그렇다면 일반물질에 비해 반물질이 극히 드물다는 사실을 어 떻게 설명할 수 있을까요?

우선 현재까지도 이 질문에 대한 만족할 만한 대답을 찾지 못했다는 것을 인정해야겠습니다. 이는 여전히 현대 우주론이 풀어야 할 수수께끼 중 하나이지요. 다만, 구소련 지도자들과 의 갈등으로 유명해진 물리학자 사하로프 박사 덕분에 일종의 가상 시나리오는 존재한답니다. 빅뱅의 엄청난 열기와 더불어 입자 쌍들의 창조와 소멸 반응(우리가 실험실에서 유발하는 것들 과 비슷한)은 도처에서 무수하게 일어났을 겁니다. 그렇다면 우 주 초기에는 물질과 반물질 입자들의 수가 틀림없이 똑같았을 거예요.

그러나 우주가 냉각되면서 처음 수백만 분의 1초 동안 '상 전이(phase transition)'라 불리는 현상들이 일어나는데, 이는 그 이후의 상황들에 많은 영향을 미쳤답니다. 어쨌든 이런 현상들로 인해 반물질보다 아주 조금 더 많은 물질이 발생했어요. 반물질 입자가 10억 개라면 물질 입자는 10억 분의 1개 더 많은 정도의 극히 미미한 차이였지요. 물질과 반물질 사이의 사소한 불일치 현상으로 인한 이 차이가 나중에는 매우 중요한 역할을 하게 됩니다.

우주의 처음 1초까지는 이런 상황이었어요. 그 순간 우주 팽창에 의해 냉각된 물질은 새로운 입자 쌍들을 만들어낼 만큼 뜨겁지가 않았답니다(충분한 열에너지가 없었음). 쌍을 이루는 입자들의 질량을 만들어내야 하기 때문에 실로 많은 에너지가 필요했지요($E=mc^2$!!). 이와 반대로, 에너지를 필요로 하지 않고 오히려 많은 에너지를 방출하는 입자 쌍들의 상호소멸 현상은 끊임없이 이어졌어요.

이후 반물질 각각의 입자들은 짝을 이루는 물질을 찾아서 그와 함께 소멸되었지요. 그에 즈음해서 반물질은 우주에서 사라졌답니다. 반물질을 더 이상 볼 수 없게 된 것은 그 때문이지요. 하지만 (이것은 중요한 사실인데) 그 이전에 반물질보다 아주 조금 더 만들어졌던 물질의 잉여분은 함께 소멸할 짝을 찾지 못해 그대로 남게 되었답니다. 이러한 소량의 잉여물질로부터 우리의 우주가 형성되었는데, 그렇지 않았다면 지금의 우주에는 빛만이 존재했을 겁니다. 그러니 그 작은 잉여물질을 만들어낸 '상 전이' 현상에 경의를 표할밖에요!

51
지식의 도구로서 반물질

앞에서 본 것처럼 우리 우주에는 물질과 반물질이 있지만, 자연 속에 있는 그것들의 양은 극단적으로 차이가 납니다. 물질은 어디에나 있는 반면 반물질은, 우리가 알기에, 실험실이나 항성들 사이를 통과하는 우주광선 안에만 존재하거든요. 이러한 차이가 우주의 처음 순간에 일어난 현상들 때문이라고 보통 말하지만, 그 현상들의 원인은 아직 제대로 밝혀지지 않고 있답니다.

물질과 반물질은 같은 장소에서 공존할 수 없기 때문에 그 경우에는 서로를 소멸시키면서 빛으로 변하지요. 그 때문에 실험실에서 반물질을 만드는 물리학자에게는 그것을 어떻게든 보존해야만 하는 문제가 발생하지요. 반입자는 일반물질의 입자와 반드시 떨어져 있어야 하고, 그렇지 않으면 즉시 사라진답니다.

  이 문제를 해결하려면 미리 공기를 빼낸 방벽 속에서 반물질을 만들어낸 다음, 강력한 자기장을 이용해 가두어 그것이 방벽면에 닿지 않도록 해야 합니다. 그를 위해 과학자들은 입자와 반입자가 따로따로 통과하는 '충돌의 고리'라 불리는 거대한 원형의 관을 만들었지요. 그중 규모가 가장 큰 관이 유럽 핵입자 물리 연구소(CERN)에 있는데 직경이 17킬로미터에 달한답니다.

  이런 실험의 목적은 매우 강력한 에너지(수십억 전자볼트)로 미리 가속한 반물질을 표적물질에 부딪치게 해서 그 충돌의 결과를 관찰하는 것이에요. 그런 실험을 통해 지금까지 알려지지 않은 많은 양의 입자들이 나타나는 것을 볼 수 있었습니다. 아울러 그 입자들의 속성을 연구함으로써 물질에 대해 놀랄 만큼 많은 지식을 얻을 수 있었지요. 지금도 연구를 진전시키기 위해 세계 여러 나라들이 보다 강력한 입자가속기들을 준비하고 있답니다.

  입자-반입자 쌍이 소멸할 때 많은 에너지가 방출된다고 한 것을 기억하겠죠? 그 에너지는 질량 단위로 따질 경우 핵폭탄이 터질 때 생기는 핵반응보다 거의 백 배에 가까운 양입니다.

이런 종류의 에너지를 민간용으로 사용할 수 있을까요? 이런 에너지를 이용해 전 지구적 에너지 문제를 해결할 희망을 가질 수 있을까요?

그런데 문제는 먼저 반물질을 발생시켜야 한다는 것입니다. 원자로에서 사용되는 우라늄과 달리 반물질은 우리를 둘러싼 자연 속에는 존재하지 않기 때문에, 전하를 띤 입자의 충돌을 유발할 수 있는 강력한 에너지가속기를 작동시켜야 하지요. 이때 반물질은 기껏해야 에너지를 저장할 수 있는 수단을 제공해줄 겁니다. 어쨌든 그런 가속기를 만드는 데 드는 엄청난 비용 때문에 이 프로젝트에 관심을 가질 만한 민간이나 군 기관들이 쉽게 포기하곤 합니다.

VI
원자

52
원자

 쇳조각을 계속해서 더 작은 조각으로 자른다면 어떤 일이 일어날까요? 그렇게 해서 얻어진 조각들은 여전히 쇠일까요? 아니면 특정한 크기 이하로 잘린 다음부터는 쇠의 성질을 잃게 될까요? 초기 자연철학자들은 이런 질문들에 사로잡혀 있었습니다.

 원자라는 개념을 처음 소개한 철학자는 데모크리토스와 루크레티우스였어요. 그들은 원자가 더 이상 나눌 수 없는 미립자 즉, 물질의 가장 작은 실재라고 생각했지요. 자연 속에 있는 모든 물질의 모양과 속성들은 그 원자들의 다양한 조합 때문에 달라진다고 여겼답니다.

 지난 수 세기 동안 활동한 화학자들은 이런 직관이 정확하다는 것을 입증했지요. 예컨대 물은 수소와 산소의 원자로 구성되는데 이 원자들의 개별적인 속성은 물의 속성과 다릅니다. 18세기와 19세기에 걸쳐 백여 가지의 서로 다른 원자들을 찾아냈는데, 기억을 돕기 위해 몇 개만 열거하자면 수소, 탄소, 산소 외에도 철과 금이 있지요. 모래알부터 은하수에 이르기까지 세상에 존재하는 모든 사물은 그 원자들의 무한한 결합으로 이루어진 것이랍니다.

그런데 정말 원자라는 것이 실제로 존재하는 걸까요? 아니면 우리 수준에서 관찰된 현상들을 이해하기 위해 편의상 만들어낸 비유에 불과할까요? 19세기 말까지 에른스트나 니체 같은 위대한 사상가들은 원자가 실제로 존재한다는 사실을 인정하지 않았답니다.

개별적인 소립자로서 원자의 실재는 20세기 초가 되어서야 확실히 인정받게 되었는데, 특별히 장 페렝의 연구가 많은 공헌을 했답니다. 그의 실험 아이디어는 단순하면서도 재치가 있었죠. 그는 일정한 양의 물질 속에 있는 원자들의 수, 예를 들어 1평방 센티미터의 물 안에 있는 원자 수를 세어보았습니다. 이런 실험은 완전히 다른 방식으로 수없이 시행되었는데 언제나 거의 동일한 결과가 나왔지요. 만약 실재와 달랐다면 그와 같이 일치된 결과가 나올 수 없었을 겁니다.

여기서 지적할 것은, 원자라는 단어가 본래 '분할할 수 없는'이라는 의미를 가지고 있다는 점입니다. 그리스어에서 아토모스(atomos)는 토모스(tomos, 자르다)와 부정접두사 a로 이루어져, '자를 수 없다'는 뜻이지요. 원자란 더 작은 부분으로 구성되어 있지 않은 궁극의 실재 내지는 기본입자라는 얘깁니다.

그러던 중 20세기에 들어와 모든 것에 큰 변화가 일어납니다. 원자를 더 깊이 관찰하면서 그것의 실체를 파악할 수 있게 되었지요. 원자는 중심핵과 그 주변을 도는 전자들로 구성되어 있습니다. 그 안에서 전자들을 제거해 원자핵만 남도록 할 수도 있는데, 관찰을 해본 결과 이 핵도 양자와 중성자라는 입자들로 구성되어 있다는 걸 알아냈어요. 양자와 중성자는 물론 따로따로 분리해낼 수 있답니다. 그렇다면 그리스 사람들이 꿈꾸었던 진정한 원자, 더 이상 분할할 수 없는 소립자의 존재는 진정 확인된 셈인가요?

53
양자와 쿼크

'양자'라는 단어는 그리스어 프로토스(protos)에서 파생된 것인데, '최초의'라는 의미입니다. 1950년대 물리학자들은 양자의 발견으로 실재의 가장 작은 소립자, 즉 진정한 '기본입자'를 찾아냈다고 자부했답니다.

내가 미국에서 공부할 당시, 빅뱅 이론의 아버지들 중 한 명인 조지 가모프 교수는 물리학 강의 시간에 양자의 불가분성을 놓고 자기 재산의 반을 거는 내기를 할 수도 있다고 호언장담했답니다. 그분 명성에 주눅 든 우리는 감히 내기할 생각을 못 했는데, 지금 생각하면 후회가 됩니다. 1917년 혁명 때 러시아에서 이민 온 가족의 아들인 가모프 교수는 아주 부자였는데 말이죠……. 그 몇 년 뒤에 쿼크라는 것이 양자의 자리를 빼앗게 되지요.

쿼크는 외로움을 참지 못해 언제나 다른 쿼크들로 둘러싸여 있어야 하는 놈이죠. 하나의 쿼크를 다른 쿼크들로부터 떼어내려고 하면 할수록 그것을 끌어당기는 힘이 증가하기 때문에 녀석들을 분리하는 건 불가능하답니다.

빠른 전자들로 하나의 양자에 충격을 가하면 그 안에 세 가지 상이한 흔적이 나타나는데, 이를 다른 현상들과 연계시켜 살펴봄으로써 쿼크의 속성을 알아낼 수 있습니다. 예컨대 쿼크는 전자가 가지고 있는 전하의 3분의 1 내지 3분의 2에 해당하는 전하를 띠고 있으며, 모든 쿼크에는 그에 대응하는 반쿼크가 있지요.

다양한 종류의 쿼크들이 있는데 그것들은 소위 '맛'과 '색'에 의해서 구분된다고 할 수 있습니다. 맛에는 여섯 가지가 있고 다음과 같은 이름들이 붙지요. up(위)의 u, down(아래)의 d, strange(기묘한)의 s, charmed(매혹적인)의 c, top(상층)의 t, bottom(하층)의 b. 그리고 세 가지 색이 있는데, 파랑, 초록, 빨강이 그것입니다. 이런 수식어들은 우리가 일상적으로 사용하는 '맛'이나 '색'의 의미와는 물론 상관이 없죠. 단지 쿼크의 종류들을 쉽게 구분하기 위해서 약속으로 정한 용어들이랍니다.

자연 상태에서 쿼크들은 삼중이나 이중의 상태로 존재합니다. 양자는 u 쿼크 두 개와 d 쿼크 하나로 구성되고, 중성자는 d 쿼크 두 개와 u 쿼크 하나로 이루어지는 식이죠. 그밖에도 중간자라 불리는 쿼크의 쌍이 있는데, 이들은 입자가속기에서 발생시킬 수 있는 수명이 짧은 입자들이에요.

그렇다면 쿼크야말로 그토록 오랜 세월 과학자들이 찾아 헤매온, 더 이상 분해할 수 없는 기본입자일까요? 원자와 양자에 대한 과거의 실망스런 경험에서 교훈을 얻은 물리학자들은 한층 신중해져서, 이제 아무도 가모프 교수 같은 내기 제안을 할 사람이 없을 겁니다.

54
전자

'전기'와 마찬가지로 '전자'라는 단어는 그리스어 일렉트론(electron)에서 유래하는데, 보석 중 하나인 호박을 뜻합니다. 사람들은 오래전부터 이 천연수지가 마찰을 받으면 가벼운 물체들을 끌어당기는 특성이 있음을 알고 있었죠. 전자는 1897년 영국 물리학자 조셉 존 톰슨이 발견했어요.

전자는 양자보다 2천 배 정도 가벼운 입자입니다. 그렇다면 부피는 어느 정도일까요? 양자의 반경(10억 분의 1마이크로미터)은 알아낼 수 있었지만, 어떤 관찰을 통해서도 전자가 측정 가능한 부피를 지니고 있다는 것은 확인되지 않았답니다. 그렇다고 전자가 0차원의 입자라고 말할 수 있을까요? 그것은 좀 더 지켜보아야 할 것 같습니다. 여기서 지적할 수 있는 것은, 극도로 작은 공간의 경우 차원이라는 개념이 양자 물리학에서 다소 혼란스럽게 사용되고 있다는 사실입니다. 일단 쿼크가 그러하듯, 전자란 일정 질량을 지닌 점과 같은 행태를 보인다고 말할 수 있을 겁니다.

원자 속에서 전자는 양자와 중성자로 이루어진 원자핵 주변의 궤도를 돌지요. 단, 전자들이 우주의 행성과 비슷한 양상으로 움직인다는 생각은 금물입니다. 전자의 운동은 행성의 그것을 그대로 축소해놓은 모델과는 달라요. 소우주와 대우주를 지배하는 법칙들에는 사실상 많은 차이가 있답니다…….

원자핵 주변을 도는 전자들의 수로 원자의 성질이 결정되는데, 수소는 단 하나의 전자, 우라늄은 92개의 전자를 거느리고 있지요. 그리하여 모든 화학성분의 원자 수는 1과 92 사이를 오간답니다(더 무겁지만 극도로 불안정한 몇몇 원자핵들을 제외하고).

온도를 높이면 원자는 시간이 흐를수록 전자를 잃게 되는데, 이것을 '이온화된다'고 하지요. 그런 식으로 원자에서 전자를 분리해 고립시키고, 여러 다발로 묶을 수도 있지요. 그 다발들을 적절한 대상에 투사시키는 과정을 통해서 우리는 물질의 구조에 관한 소중한 정보들을 얻을 수 있답니다.

다른 한편으로, 전자와 광자 사이에는 밀접한 연관성이 있어요. 운동하는 전자는 광자들을 방출하지요. 또한 전자가 광자를 흡수하면서 그것을 움직이게 할 수 있는데, 송수신 안테나는 그런 원리를 이용한 것이랍니다. 여러분이 즐겨 듣는 라디오의 안테나는 방송국에서 송출하는 광자의 파장을 수신하는 장치인 거죠.

물리학에서는 전자와 쿼크, 중성미립자를 기본입자의 목록에 포함시키고 있어요. 실제로 그런 입자들은 '분할할 수 없는' 물질, 다시 말해 더 작은 요소로 나누어질 수 없는 물질이라고 여겨집니다. 하지만 과거의 실망스런 경험들(원자가 깨어질 수 있고, 양자는 '제1원소'가 아니라는 사실) 때문에 물리학자들은 신중한 태도를 보이고 있지요. 대신 하나의 입자를 깨뜨리려면 (그것이 가능한 경우) 매우 단단한 '망치'가 필요하답니다. 다시 말해서 강력한 에너지 도구로 충격을 가할 수 있어야 하는데, 현재 사용되는 입자가속기들로는 충분하지 않답니다. 정확한 진실을 가리기 위해 과학자들은(예를 들어, 제네바에 있는 유럽 핵입자 물리 연구소) 보다 효과적인 도구가 고안되기를 기다리고 있어요. 그때가 되면 전자와 쿼크가 진짜 기본입자인지, 아니면 물질의 최소 단위를 찾는 연구를 계속해야 하는지 알게 되겠죠.

55
광자와 빛

 우리의 우주를 구성하는 물질의 목록을 계속 작성해보기로 하죠. 지금까지는 중성미립자와 쿼크에 대해서 이야기했는데, 이제부터는 빛의 입자인 광자를 살펴보기로 합니다.
 오랜 세월 빛의 성질은 불가사의한 것으로 여겨져왔어요. 빛은 서로 모순되어 보이는 속성들을 지니고 있답니다.
 ― 조약돌을 물에 던지면 생기는 동심원처럼, 빛은 근원에서부터 일종의 파장처럼 퍼져 나가지요. 예를 들어, 무지개 빛깔이라든가 비눗방울의 색채, 물 위에 뜬 기름 자국들은 파동이라는 특성으로 설명될 수 있습니다.
 ― 그런가 하면 빛이 기관총의 총알과 같은 행태를 보일 때도 있습니다. 이때의 빛은 광자라 불리는 입자들을 통해 알갱이와 같은 특성을 보여주지요. 이 광자들은 검출할 수도 있고

하나씩 셀 수도 있답니다.

자, 그렇다면 빛은 파동일까요, 입자일까요?

양자 물리학 덕분에 현재는 빛의 행태에 관한 전적으로 만족스러운 이론이 존재한답니다. 그에 의하면, 구체적인 이미지까지 상정할 수는 없지만, 파동임과 동시에 입자인 빛의 이중적인 특성이 잘 설명되지요. 사실 일상적인 인간의 지각과는 너무도 동떨어진 현상이 우리 눈에 기이하게 보이는 것은 놀라운 일이 아닙니다.

광자란 질량이 없는 입자들입니다. 다들 예상하겠지만, 빛의 속도로 이동하고요. 빛(우주 배경복사)의 화석(2번 사진 참조)에 포함된 광자들은 우리의 탐지기에 흡수되기 전까지 근 140억 년을 여행해온 것입니다. 우주의 역사가 진행되는 내내 (빅뱅, 은하수들의 탄생, 태양계의 형성, 지구 위 생명체의 진화) 광자들은 아무 동요 없이 단지 우주의 팽창에만 영향을 받으면서 앞으로 뻗어나갔으며, 그와 더불어 에너지를 점점 빼앗기고 있었어요.

한편 광자와 시간의 관계는 무척이나 특별하답니다. 이를테면 광자에 시간이란 존재하지 않는 것과 같아요. 만약 시간을 측정하는 크로노미터를 광자 하나하나에 부착할 수만 있다면, 그것들이 방출되는 순간(우주 속에 나타난 순간)과 흡수되는 순간(사라지는 순간) 사이에는 어떤 시간도 흐르지 않는다는 걸 확인할 수 있을 겁니다. 이런 현상은 빛의 속도로 여행하는 모든 입자들에 공통적으로 나타납니다. 다름 아닌 아이슈타인의 상대성 이론을 통해 알려진 사실이지요.

빛의 파동은 그에 속한 광자의 에너지양을 결정짓는 파장에 의해서 결정됩니다. 파장이 미치는 범위는 라디오 주파수처럼 수 킬로미터에서 감마선의 경우처럼 나노미터(백만 분의 1밀리미터)에 이르기까지 다양하지요. 그 중간쯤에 해당하는 파장(마이크로미터)에서 우리 눈에 보이는 빛, 즉 모든 무지개색을 볼 수 있는 겁니다. 항성들과 은하수들 사이의 우주 공간은 다양한 에너지를 지닌 광자들로 채워져 있지요. 1평방 센티미터 당 대략 5백 개의 광자가 있답니다. 그 대부분은 빅뱅의 순간에 쏟아져 나왔거나, (보다 적은 양이지만) 수십억 개의 은하수 속에 흩어져 있는 수십억 개의 항성들로부터 방출된 것이랍니다.

우주는 결코 텅 비어 있는 것이 아니지요…….

56
중성미립자: 볼프강 파울리의 직관

 이 장에서는 중성미립자의 세계를 알아보기로 하죠. 1930년 대까지만 해도 알려지지 않았던 이 입자는 현재 모든 물리학과 천체물리학 이론에서 다루고 있습니다. 중성미립자는 우주에 많은 수가 존재하며 우주적 현상의 역학에 매우 중요한 요소로 작용한답니다. 그런 면에서 중성미립자의 연구는 우리 우주의 새로운 면들을 이해할 수 있도록 해주지요.
 이와 같은 입자가 존재할 거라는 생각은 천재 물리학자인 볼프강 파울리의 머리에서 나왔어요. 당시 물리학자들은 중성자의 해체가 제기하는 어려운 문제에 봉착해 있었죠. 중성자는 양자와 함께 원자핵을 구성하고 있는데, 그 핵에서 분리되어 따로 남겨지면 약 20분 안에 사라진답니다. 그러면 어떻게 되는 걸까요?

이와 관련한 초기 관찰들을 통해 확인한 것은, 중성자가 사라진 자리에 그 잔해라 할 양자와 전자가 남는 현상입니다. 하지만 어딘가 문제가 있어 보였어요. 그 두 개의 잔류 입자들 각각에 결합된 에너지의 총량이 사라진 중성자의 에너지보다 적었던 겁니다. 이것은 에너지 보존법칙(아무것도 상실되지 않고 아무것도 창조되지 않는다)에 반하는 예로 간주되었으니까요. 과연 절대적이라고 여겨져온 법칙을 폐기해야 하는 걸까요? 어떤 경우에는 이 법칙이 위반될 수도 있다는 것을 인정해야 할까요? 하긴, 필요하다면 그러지 못할 이유도 없지 않을까요?

하지만 파울리는 물리학자들에게 너무도 소중하고 편리한 에너지 보존법칙을 온전히 수호하기 위해 다음과 같은 임시 가설을 제시했지요. 당시의 기술로는 검출할 수 없는 제3의 입자가 있을지 모른다는 가설 말입니다. 만약 그런 입자가 실제로 존재해, 위의 계산에서 부족한 걸로 나온 에너지를 빼앗아 간 거라면? 그럼 결과적으로 에너지 보존법칙은 무사하게 되는 것이 아닌가! 파울리는 그 가설상의 입자를 어떻게 설명할 수 있었을까요? 우선 그것의 질량이 매우 적고(실제로 부족한 에너지는 소량이었음), 전하를 띠고 있지 않을 것이라 상상했답니다. 전하를 띤다면 벌써 관찰이 되었을 테니까요. 마침내 문제의 입자는 '중성미립자'라는 이름표를 단 일종의 작은 중성자로 소개가 되었습니다.

몇 년 후, 원자로 주변에서 중성미립자들이 탐지됨으로써 파울리의 이론은 성공을 거두게 되었지요. 현재는 매우 강력한 중성자들을 몇 다발씩 인위적으로 만들어낼 수 있습니다. 그것들을 특정한 대상에 투사함으로써 물질의 내부구성을 분석하는 데 활용하고 있지요. 아울러 서로 다른 속성을 지닌 세 종류의 중성미립자들이 존재한다는 사실도 확인되었습니다.

이런 모든 연구 성과들이 그 대단한 에너지 보존법칙을 지켜내기 위해 상정한 일개 입자에서 시작되었다니! 에너지 보존법칙을 세상에 내놓은 라부아지에야말로 위대한 통찰력의 소유자라 할 만하죠.

57
태양으로부터 날아오는 중성미립자들

중성미립자는 매우 은밀한 입자랍니다. 그것은 원자와도 상호작용을 거의 하지 않아요. 빛의 입자인 광자와 비교해보면 그 성질을 파악할 수 있을 겁니다. 이를테면, 두꺼운 종이로 된 간단한 전등갓만으로도 램프에서 나오는 빛의 흐름(광자)을 상당 부분 줄일 수 있는 반면, 중성미립자에 대해서는 아마도 두께가 수 광년에 달하는 납 차단막이라도 설치해야 조절이 가능할 겁니다. 이런 '은밀한 속성'은 장점도 되고 단점도 되지요.

장점은, 다른 어떤 입자도 우리에게 도달할 수 없는(오는 도중에 흡수되므로) 장소들에 대한 정보를 중성미립자가 제공해 준다는 점이에요.

단점은, 중성미립자를 탐지하기가 극도로 어렵다는 점입니다. 그것을 측정하기 위해서는 매우 정교하고 큰 규모의 도구가 필요하거든요. 현재 지구상에는 10여 개의 중성미립자 천체 망원경이 가동되고 있고, 지금도 여러 개가 건설되는 중입니다.

중성미립자는 실험실의 핵반응 과정에서 방출되었는데, 처음으로 탐지된 것은 1956년이었습니다. 그 몇 년 후 태양이 방출하는 중성미립자를 탐지해낸 것은 아마도 천문학 전체를 통틀어 잊지 못할 순간일 겁니다. 이를 통해, '태양은 어디에서 에너지를 얻는가'라는 질문에 결정적인 답을 내릴 수 있게 되었거든요. 이론 물리학자들의 연구는 천체의 뜨거운 중심부에서 일어나는 핵반응이 그 에너지원임을 말해주고 있답니다. 태양에서 출발해 지구로 돌입한 중성미립자들이 그 증거인 셈이죠.

태양으로부터 우리에게 도달하는 수많은 중성미립자 중, 매초 450억 개의 중성미립자가 전혀 느끼지 못하는 가운데 우리 몸을 통과합니다. 그만큼 이 입자는 놀라울 정도의 은밀한 속성을 지니고 있지요. 그럼에도 불구하고 과학자들은 끊임없이 태양으로부터 오는 중성미립자들의 흐름을 관찰하고 있습니다. 광학 망원경에 의해 포착되는 빛은 태양의 표면에서 발산되는 반면, 중성미립자는 태양의 중심부로부터 방출되는 것이지요. 그런 관찰 기술을 활용해서 태양 내부의 물질 상태(온도, 압력, 화학적 구성, 자기장)에 대한 자세한 지식을 얻을 수 있는 겁니다.

 태양과 마찬가지로 다른 항성들도 엄청난 양의 중성미립자를 방출한답니다. 거대 질량 항성(초신성)의 죽음을 알리는 폭발과 더불어 특히 강력한 방출이 일어나지요(34장 참조). 1987년 초고광도(태양 밝기의 3천만 배)의 초신성이 지구에서 17만 광년 떨어진 작은 은하수 '대마젤란 성운'에서 폭발했어요. 그와 동시에 중성미립자들의 강력한 분출이 지구상에 설치된 관측기구들에 일제히 포착되었지요. 중성미립자와 빛(광자들)을 동시에 관찰함으로써 우리는 과거에는 불가능했던 새로운 방식으로 별들의 폭발 현상을 연구할 수 있게 되었답니다.

58
중성미립자의 천문학

 태양에서 날아오는 중성미립자들의 탐지를 통해 항성의 에너지가 핵반응에서 생겨난다는 사실을 확인할 수 있습니다. 항성 중심부의 뜨거운 열(수천만 도)로 인해 수소가 헬륨으로 변환되고, 이런 변환을 유발하는 핵반응이 중성미립자들을 강력하게 분출시키는 겁니다. 그러면 은밀성(통과한 흔적을 거의 남기지 않음)으로 유명한 그 녀석들이 태양의 중심에서 우리에게로 곧장 날아드는 거죠. 태양광선과는 달리 중성미립자들은 산악지대처럼 기복 많은 지구표층을 어려움 없이 통과할 수 있답니다. 중성미립자들은 밤이건 낮이건 결코 쉼없이 우리를 향해 날아들지요.
 이 대목에서 지질학과 관련한 미래의 희망을 엿볼 수 있는데, 그걸 한번 살펴보도록 하죠. 낮시간에 태양에서 날아드는 중성미립자들의 양상과 밤시간에 태양에서 날아드는 중성미립자들의 양상은 정확히 일치하지 않습니다. 그 둘 사이의 미세한 차이를 정확하게 측정하는 것이 아직까지는 불가능하지만, 관련 기술이 계속 발전하고 있으니 머지않아 가능해질 겁니다. 그런 측정을 통해 얻어진 결과들 가운데에는, 밤시간 태양으로부터 날아든 중성미립자들이 거쳐왔을 지구 내부의 물리적 조건들에 대한 정보가 가득 담겨 있겠지요. 말하자면 우주에서 가장 덜 알려진 곳 중의 하나인 지구 내부에 대한 초음파 검사가 치러지는 셈이라고나 할까요!

태양으로부터 오는 중성미립자들의 탐지를 통해 또 다른 매우 중요한 정보를 얻을 수 있는데, 태양도 역시 반물질이 아닌 물질로 이루어져 있다는 사실입니다. 전자와 양자들과 마찬가지로 중성미립자도 그것의 반입자인 반중성미립자를 가지고 있답니다(49장 참조). 만약 태양이 반물질로 이루어져 있다면 반중성미립자들을 방출하겠죠. 하지만 태양이 방출하는 입자에 대한 그동안의 세밀한 관찰 결과들을 보면, 방출되는 것은 분명히 중성미립자들이고, 이 사실은 태양이 물질로 이루어져 있음을 증명하는 셈입니다. 예측의 수준에 머무는 일을 과학적으로 정확히 확인하는 작업은 결코 쓸데없는 일이 아니랍니다.

1987년 대마젤란 성운의 초신성에서 방출된 중성미립자들의 경우도 마찬가지입니다. 지구에서 탐지된 미립자들은, 적어도 우리 은하계에서 가까운 우주 공간이 반물질이 아닌 물질로 이루어져 있음을 암시해주지요. 사실, 관찰 가능한 모든 우주에서 물질이 반물질보다 우세하다고 예측할 만한 여러 근거들이 있답니다.

빅뱅 이론에 따르면, 우주에는 1965년에 발견된 광자들의 배경복사 화석(8장 참조)과 비슷한 중성미립자의 복사 화석이 분명히 존재합니다. 여기엔 우주가 탄생하던 처음 몇 초 동안에 일어난 일들의 흔적이 담겨 있을 거라 여겨지죠.

태양에서 날아드는 입자들과 달리, 우주 배경복사는 동일한 양(극히 미미한 차이를 빼고)의 중성미립자와 반중성미립자를 포함하고 있을 겁니다. 이들 중성미립자의 에너지는 태양에서 날아든 중성미립자보다 10억 배 더 약하기 때문에 현재의 어떤 기술로도 정확한 탐지가 어렵답니다. 물론 기술의 발달로 앞으로 수십 년 안에는 그것이 가능해지길 바랄 수는 있겠죠. 그와 같은 중성미립자들까지 탐지된다면 빅뱅 이론의 가치는 더더욱 확고부동하게 인정받고 말 것입니다.

59

중력

앞의 장들에서 우리는 일반물질(이 책 16장에서 살펴보았고, 아직도 그 구성 요소를 모르는 암흑물질과 구분하기 위한 용어)이라 부르는 것을 구성하는 다양한 입자들을 살펴보았습니다. 광자, 전자, 양자, 중성미립자, 쿼크 등등 말입니다.

그 다양한 입자들 간에는 서로 반응하고 경우에 따라 결합하게도 만드는 물리적 힘들이 작용하고 있지요. 이제 그런 힘의 작용에 관해 몇 장에 걸쳐 알아보기로 합시다.

크게 네 가지 힘의 작용을 들 수 있습니다. 그걸 통해 지금까지 관찰된 모든 물리 현상들은 충분한 설명을 얻게 될 거예요. 그렇다고 4라는 숫자가 결정적이라고는 할 수 없습니다. 물리학자들은 기존의 네 가지 힘이 일으킬 수 없는 다섯 번째 또는 여섯 번째의 힘을 발견했다고 여러 차례에 걸쳐 주장했거든요. 안타깝게도 현재까지 그 주장들은 모두 근거 없는 것으로 드러났지만, 그렇다고 해서 앞으로도 새로운 힘의 발견 가능성이 전혀 없는 것은 아니랍니다. 과학은 불변하는 것이 아니고, 미래는 예측 불가능하니까요.

먼저 중력이 있는데, 그것은 사과가 떨어질 때처럼 우리 감각으로 분명하게 지각할 수 있는 힘입니다. 동물들은 이 힘에 대해 경험적으로 알고 있어서, 오래전부터 그것을 이용해왔지요. 갈매기는 조개를 깨뜨리기 위해 바위에다 그것을 내동댕이칩니다. 좀 더 문학적인 예를 들자면, 장 드 라 퐁텐의 우화에 나오는 여우가 까마귀 부리에서 떨어질 치즈를 노리는 것은 바로 중력의 힘을 믿기 때문입니다.

뉴턴 덕분에 우리는 중력이 달과 태양계 혹성들의 운동 원인임을 알고 있지요. 오랜 세월 인류를 궁금하게 했던 지구와 우주의 수많은 현상들(바다의 조수, 하늘에서 목성과 토성의 뚜렷한 후퇴 운동)이 중력을 깨침으로써 이해의 범주 내로 들어왔답니다. 천체들(지구, 달, 태양)이 공 모양인 이유 역시 중력을 이해함으로써 설명되지요(6번 사진 참조).

중력의 특이한 속성들은 아주 간단한 용어로 설명될 수 있어요. 뉴턴이 제시한 법칙에 따르면, 중력의 강도는 관련된 물체들의 질량과 그것들 사이의 거리에 따라서만 결정이 됩니다. 즉, 거리의 제곱에 반비례하지요.

중력은 우주 속 거대한 천체들 사이의 상호작용을 지배합니다. 그것은 태양계의 혹성들, 소행성에서부터 가장 먼 거리에 있는 혜성들에 이르기까지 다양한 천체들의 운동을 좌우하지요. 우리 은하수뿐 아니라, 우주의 모든 은하수 안에 있는 수천억 개 항성들의 운동을 통제해요. 그것은 은하수들 사이에서 벌어지는 운동의 원인이 되고 우주 전체의 역학과 밀접한 관련을 맺습니다.

중력은 멀리 떨어져 있고 질량이 큰 천체들 사이에서 중요하게 작용하되, 작은 규모의 물체들 움직임에는 그리 큰 영향력을 행사하지 않습니다. 다음 장들에서는 그런 물체들의 움직임에 주로 작용하는 힘들을 살펴보기로 하죠.

거대한 천체의 요동이 일으키는 중력파는 빛의 속도로 확산되어 다른 천체들에 영향을 미칩니다. 이를테면 초신성의 폭발이나 두 개의 중성자 별 사이에서 충돌이 일어날 때 발생하는 중력파 말입니다.

과학자들은 향후 몇 년 안에 사용 가능한 최첨단 망원경들을 설계하고 있는데, 그것들을 통해 위와 같은 우주현상들이 발생시킨 중력파들이 보다 세밀하게 탐지될 수 있을 겁니다. 그렇게 되면 아마 빅뱅과 직접 관련이 있는 파장까지도 탐지할 수 있을지 모르죠(10장 참조).

광자가 전자기파(빛)와 관련 있는 것처럼, '중력자'라고 불리는 입자가 중력파와 관련되어 있을 것이라고 과학자들은 추정하고 있습니다. 하지만 중력에 대한 양자 이론을 만들 능력이 아직 안 되기 때문에 중력자에 대해서는 확실하게 말할 수 있는 단계가 아니랍니다.

60
전자기력

그리스 근처의 마그네시아라는 지역에서 가까이 대면 서로를 끌어당기거나 밀어내는 기이한 속성을 지닌 돌들(자석들)이 발견되었지요. 고대 사람들은 그 돌들 사이에 작용하는 힘을 '마그네틱(자기적인)'이라고 불렀답니다. 그런가 하면 호박(그리스어로 electron)이라는 보석을 비빌 때 발생하면서, 작은 물체들을 끌어당기는 묘한 힘은 '일렉트릭(전기적)'이라고 불렀지요. 사람들은 그 두 가지가 완전히 다른 현상들이라고 생각했습니다.

하지만 19세기 동안 모든 것이 변했답니다. 에르스테드, 암페르 그리고 특히 맥스웰과 같은 연구자들 덕분에 실제로는 '전자기적'이라 불리는 단 하나의 힘이 있을 뿐이고, 그 힘은 다양한 방식으로 작용한다는 것을 알게 되었죠. 경우에 따라서 작은 물체들을 끌어당기거나 자석을 통해 작용하는 식으로 말입니다. 과거에는 서로 다르다고 생각했던 두 개의 힘이 하나의 현상으로 '통합'된 셈이죠.

간단하게 설명하자면, 전하의 운동은 자성('자기장'이라고 부름)을 만들어내고, 역으로 자기장의 변동은 전기장을 발생시키는 겁니다. 그런가 하면, 자연 상태에서 개별적으로 분리될 수 있는 전하들(electric charges, 전자들)과는 달리, 자하들(magnetic charges)은 분리될 수 없지요. 이런 차이의 원인은 매우 불가사의합니다.

전자기력의 작용 범위는 원자에서부터 천체에까지 이르는데, 행성과 항성(중력이 지배하는)은 공모양인 반면, 작은 크기의 천체들(소행성, 혜성)은 그렇지 않은 이유가 바로 전자기력 때문이랍니다.

이 힘은 또한 원자와 분자 차원에서 일어나는 현상들의 원인이 되기도 하지요. 그 때문에 전자들은 원자핵 주변을 계속 돌게 되고, 원자들은 분자를 벗어나지 않는 것입니다. 따라서 전자기력이 모든 화학반응과 모든 생물반응을 통제한다고 할 수 있습니다. 우리 몸 안에서는 이 힘의 지배를 받는 수많은 현상들이 일어나지요. 추천하기가 어렵기는 하지만, 전자기력을 직접 지각할 수 있는 한 가지 방법은 손가락을 콘센트에 대보는 것이랍니다…….

광자와 관련한 다양한 종류의 파장들 역시 전자기력을 살필 수 있는 예들입니다. 이 힘은 가장 강한 것(X선, 감마선)에서부터 가장 약한 것(마이크로파, 방사선)에 이르기까지 전자파들의 작용을 통제하지요.

자기현상은 행성과 항성에서도 중요한 역할을 담당합니다. 우리 지구에는 나침반의 바늘을 좌우하고, 이주하는 철새들과 거북이들의 길안내가 되어주는 자기장이 감돌고 있어요.

지구의 자성은 그 내부에 철을 함유한 물질의 운동에 의해서 생겨난답니다. 그 물질은 전하를 띤 원자들을 포함하는데, 북극과 남극 주변에 자기극이 나타나는 것은 바로 그 원자들의 이동 때문이지요.

태양에서도 강력한 자기현상들이 발생합니다. 즉, 11년을 주기로 나타났다 사라지는 흑점들이랄지, 높이가 수십만 킬로미터에 이르는 거대한 불기둥, 급격하면서도 격렬한 태양폭풍 등 말입니다. 이런 현상들의 영향력은 태양계 전체에 미치지요. 너무도 아름다운 북극의 오로라는 자기현상이 연출하는 가장 대표적인 장관들 중 하나랍니다.

61

강한 핵력

핵력이 존재한다는 사실은 20세기 초 방사능 원소들, 우라늄과 토륨을 연구하면서 밝혀지게 되었습니다. 이 연구를 생각하면 베크렐, 퀴리 부부 같은 과학자들의 이름이 떠오르지요. 원자들은 불안정하기 때문에 어느 정도의 시간이 지나면 다른 입자들로 분열되고 이런 분열이 일어날 때 열이 발산됩니다. 이런 현상은 원자의 핵 안에 그 당시까지는 알려지지 않던 새로운 힘들이 존재한다는 것을 암시해주었어요. 엄청난 거리까지 영향을 미치는 중력이나 전자기력과는 달리 이 힘들이 미치는 범위는 극히 제한적이어서 원자핵(백만 분의 1마이크로미터)을 벗어나지 않는답니다.

'강한 핵력'과 '약한 핵력'이라는 두 가지 힘으로 구분하는데, 요즘은 첫 번째 힘을 단순히 '핵력'이라 하고 두 번째 힘은

'약한 핵력'이라 부르죠. 두 번째 힘에 대해서는 다음 장에서 다루기로 합시다.

핵력의 세기는 매우 강합니다. 핵자들(양자와 중성자 등 핵을 구성하는 기본요소들) 안에서 쿼크들을 결속하고, 원자핵들 안에서 핵자들을 결속하는 것이 바로 이 힘이에요.

핵력의 힘은 그것이 유발하는 작용들을 통해서 드러납니다. 예를 들어, 1그램의 우라늄은 1톤의 석유(전자기력을 이용하는 에너지) 또는 오랜 기간 동안 댐(중력을 이용하는 에너지) 하나가 생산하는 에너지와 맞먹는 에너지를 발산할 수 있어요. 원자로들이 전기를 생산할 수 있도록 해주는 것도 이 힘이랍니다. 우주에서 이 힘은 항성들의 에너지 원천이 되고, 그 덕분에 항성들은 수백만 년에서 수십억 년까지도 살아남을 수 있지요.

이 핵력의 에너지가 급격하게 방출되는 경우에는 폭발을 일으키게 됩니다. 지구에서는 원자 폭탄에 의해서, 우주에서는 거대 항성들의 소멸과 연관된 현상들에 의해서 이런 폭발이 일어날 수 있어요. 후자의 경우는 초신성들과 관계되는데, 이 별들은 몇 시간 사이에 태양보다 수십억 배 더 밝아질 수 있답니다. 수십억 광년 떨어진 거리에서도 그 빛을 볼 수 있지요.

핵력은 또한 원자들의 형성(원소들의 합성)이라는 우주 역사의 중요한 부분에서 핵심적인 역할을 한답니다. 핵자들 사이에서 핵력이 행사하는 강한 인력은 핵자들이 서로 결합해 모든 종류의 원자핵(가장 무거운 것을 포함해서)을 만들 수 있도록 해줍니다.

핵반응은 항성의 뜨거운 중심부에서도 일어납니다. 엄청나게 높은 열(수천만 내지는 수억 도)은 끊임없는 충돌을 유발하지요. 어떤 경우에는 입자들이 결합해서 새로운 물질을 형성하기도 해요. 예를 들어, 빅뱅이 일어날 때 있었던 양자들로부터 현재 우주에 존재하는 매우 다양한 종류의 원자들이 점차적으로 만들어졌답니다. 단단한 행성들의 구성 물질들(규소, 철)과 생명체의 기본 원소들(탄소, 질소, 산소)은 베텔게우스나 안타레스 같은 적색 거성들 안에서 생겨났어요. 이것도 역시 놀라울 정도로 강한 핵력의 결속력 덕분에 가능했답니다.

62
약한 핵력

'강한' 핵력과 구분되는 '약한' 핵력의 존재는 1930년대에 들어와서야 알려졌는데, 특히 이태리 물리학자 엔리코 페르미의 공이 컸어요.

약한 핵력이 작용하는 것을 가장 간단하게 보여주는 예는 중성자가 양자로, 양자가 중성자로 변환되는 현상이랍니다. 이러한 작용을 통해서 약한 핵력은 수많은 방사성 핵들을 안정된 핵으로 변환시키지요. 이 힘은 매우 약하기 때문에 그것이 작용하는 속도도 매우 느립니다. 강한 핵력은 10억 분의 1나노초(10억 분의 1초) 안에 반응하는 데 비해, 약한 핵력은 천 분의 1초에서 수십억 년에 달하는 시간이 걸려요. 그 전형적인 예로, 중성자가 양자로 분열되는 데 평균 20분이 걸리지요. 또 다른 예로, 14번 탄소 원자는 긴 수명 덕분에 이집트 석관 속에

누워 있는 미라들의 연대를 측정하는 데 활용됩니다.

약한 핵력은 천문학에서도 여러 가지 측면으로 개입하지요. 그것은 항성들의 수명과 직접적인 관련이 있답니다. 이 힘이 좀 더 강했다면 항성 중심부에서의 핵반응들이 더욱 빨리 일어났을 거예요. 그랬다면 태양은 지구상에 포유동물이 등장하기 훨씬 전 이미 소멸해버리고 없을 겁니다.

중성미립자들도 약한 핵력의 전적인 지배를 받고, 이 힘은 쿼크들에게도 영향을 미치죠. 중성자의 분열은 d 쿼크들 중의 하나가 u 쿼크로 변환되면서 일어납니다. (앞에서 말한 대로, 중성자는 d 쿼크 두 개와 u 쿼크 하나로, 양자는 u 쿼크 두 개와 d 쿼크 하나로 구성되어 있어요.) (53장 참조)

앞에 나온 6번 사진은 지금까지 살펴본 네 개의 힘들이 태양에 영향을 미치는 모습을 보여주고 있지요.

63
네 가지 힘의 통합

이제 앞의 마지막 네 장에서 이야기한 것들을 요약해보기로 하죠.

우리가 현재까지 파악한 지식에 따르면, 물리 세계는 네 가지 다른 힘들 즉, 중력, 전자기력, 강한 핵력과 약한 핵력의 지배를 받습니다. 그동안 우리가 우주와 지구에서 관찰한 모든 현상은 그 네 가지 힘 중 하나의 작용과 연결 지을 수 있어요.

현재 물리학자들의 커다란 꿈 중 하나는 네 가지 힘이 실제로는 그것들의 기초가 되는 단 하나의 통합된 힘이 다양하게 드러나는 현상임을 입증하는 것입니다. 우주 최초의 순간에 나타났던 그 힘이 이후 점차적으로 다양한 모습을 띠게 된 것이라고 추정하는 거죠.

이런 연구 프로그램의 첫 과정이 19세기 전반에 걸쳐 진행되었어요. 그 당시에는 중력 이외에 두 가지 다른 힘까지 알고 있었죠. 그 하나는 천으로 미리 마찰한 호박 막대를 가까이 댈 경우 작은 물체들을 끌어당기는 전기력이고, 두 번째는 나침반의 방향을 가리키는 자기력이었습니다. 에르스테드, 암페르, 맥스웰과 다른 여러 물리학자들의 연구 덕분에 그 두 개의 힘을, 상황에 따라 다른 방식으로 나타날 뿐인 '전자기력'으로 통합할 수 있었지요. 이후 과학자들은 그 힘이 모든 빛의 현상들과 모든 화학적, 생리학적 반응들의 원인이라는 사실을 입증했답니다.

20세기 초 수십 년이 흐르는 사이, 원자핵 주변에 또 다른 두 개의 힘이 작용하고 있다는 사실이 밝혀졌습니다. 그 하나가 강한 핵력(양자와 중성자를 결속하는 힘)이고 다른 하나가 약한 핵력(여러 특성들 중에서, 중성미립자들을 지배하는 힘)이지요.

1972년에는 물리학 역사에서 매우 중요한 사건이 벌어지는데, 많은 물리학자들이 치밀한 연구를 통해 약한 핵력과 전자기력이 밀접하게 연결되어 있다는 사실을 입증했습니다. 자기적이고 전기적인 다양한 현상들이 단 하나의 힘인 전자기력의 존재를 나타내는 것처럼, 전자기력과 약한 핵력은 '전기약력'이라고 불리는 하나의 공통된 힘을 드러내는 것이었어요.

우주의 아주 먼 과거, 그러니까 온도가 10억 도의 백만 배 (22장 참조)를 넘었을 당시 약한 핵력의 강도는 전자기력과 비슷했습니다. 하지만 시간이 지나면서 두 힘에 차이가 생겼고, 약한 핵력이 점점 약해지는 한편 전자기력은 그대로 유지가 되었어요.

1980년대 초에는 강한 핵력과 전기약력을 통합하기 위한 특별한 노력들이 있었답니다. 그 당시 과학자들은 '대통합'에 대해 말하곤 했지요. 두 힘 사이의 흥미로운 관계들이 밝혀지기는 했지만, 그와 관련해 제기된 구체적인 주장들이 관찰을 통해 일일이 확인되지는 못했어요. 하지만 이론가들은 여전히 그 문제에 매달리고 있답니다. 무엇보다도 중력을 통합의 도식들 속에 포함시키는 것이 관건이지요. 기이하게도, 제일 먼저 발견된 비교적 단순한 힘이 현대 물리학의 가장 골치 아픈 장애물로 남은 셈입니다. 여기서 우리는 중력과 결부된 양자 이론이 존재하지 않는다는 사실에 직면합니다.

64
막스 플랑크와 물리학의 단위들

막스 플랑크는 현대 과학에 지대한 영향을 준 19세기 말의 독일 과학자예요. 실제로 양자 물리학은 그의 연구와 직관을 토대로 발전되었지요. 오늘날 우주론에서 중요한 역할을 하는 '플랑크 상수'나 '플랑크 시간' 같은 용어들은 바로 그의 공로를 기리는 뜻에서 붙여진 이름들입니다.

'광자'라고도 불리는 '빛의 입자'라는 개념 또한 그의 성찰로부터 만들어진 것이죠. 물질에 알갱이 같은 속성(입자성)이 내재한다는 것은 플랑크 이후 모든 입자들에까지 일반화된 개념이지요. 하나의 숫자가 이 속성을 특징짓는데, 그것은 h로 적는 플랑크의 상수예요. 이것은 빛의 파장의 주파수를 그 파장이 운반하는 광자의 에너지에 결부시켜서 설명합니다. 이때 h는 양자 물리학의 핵심사항이며 그 상징과도 같아요.

물리학과 천문학에서 흔히 사용하는 각종 시간과 공간의 단위들은 상대적으로 '지엽적인' 현상들에 기초해서 만들어진 것들입니다.

— 1년이란 단위는 지구라는 특정한 행성이 태양이라는 특정 항성 주위를 도는 주기를 바탕으로 정해진 것이고,

— 하루는 지구의 자전에 의해서 규정되며,

— 하루를 시, 분, 초(12시간, 60분 또 60초)로 구분하는 것은 관습에 의한 것이고,

— 1미터는 원래 지구 적도의 4천만 분의 1에 해당하는 길이였는데, 그 이후 특정한 원자들의 주파수에 연동되어 정해졌습니다.

우주차원의 현상들과 관련된 이들 단위 중에서 그 어떤 것도 물질의 근본적 속성을 바탕으로 정해진 것은 아니랍니다.

반면 플랑크의 멋진 아이디어는, 지엽적인 현상이 아닌 보편적 특성과 관련된 시간, 거리 그리고 질량과 온도의 단위를 찾아보자는 것이었어요. 다음에 제시하는 세 가지 물리적 상수는 그 보편적 특성에 눈을 뜬 세 물리학자의 기여를 통해 새로운 단위설정의 근거로 작용합니다.

— 만유인력 g. 뉴턴에 의해 발견되었으며, 우주의 끌어당기

는 힘을 가리킵니다.

— 빛의 속도 c. 아인슈타인 상대성 이론의 기본 개념이지요.

— 마지막으로 플랑크 상수 h. 원자와 분자 구조 그리고 우주 배경복사와의 상호작용 속에 내재합니다.

이렇게 해서 소위 '플랑크 시간'이라 불리는 시간단위가 설정된 것이죠. 이는 극도로 짧은 시간인데, 대략 1초의 10억 분의 1의 10억 분의 1의 10억 분의 1의 10억 분의 1의 천만 분의 1초에 해당합니다(10의 -43승). 이토록 작은 단위임에도 불구하고 플랑크 시간은 현대 물리학의 여러 국면에서 무척 중요한 역할을 담당하고 있지요.

65
시간, 길이, 질량, 온도의 우주적인 척도

이제 요약을 해볼까요? 물리학자 막스 플랑크는, 지구와 태양에만 배타적으로 연관된 1년이란 단위처럼 지엽적인 현상에 연계되지 않은 보편적 시간단위를 설정하고자 했습니다. 그는 중력과 양자 물리와 빛의 속도라는 우주의 근본적 속성들을 종합하여 목표에 도달했지요. 플랑크 시간이라는 단위는 물리학 전체와 우주론에서 매우 중요한 역할을 하며, 10의 -43승 초에 해당합니다.

이 시간단위는 자연의 다른 기본단위들을 정의하는 데 사용됩니다.

― 플랑크 길이: 플랑크 시간 동안 빛이 통과하는 거리. 이 거리는 양자 반지름보다 약 10억 곱하기 10억 배 더 짧은 거리인데, 대략 10의 -33승 센티미터에 해당합니다.

— 플랑크 질량: 약 40마이크로그램. 이는 우리 기준으로 볼 때 지나치게 작은 단위는 아닙니다. 작은 모래알의 질량과 비슷하니까요.

— 플랑크 온도: 10억 곱하기 10억 곱하기 100조 도(10의 32승 도). 가장 뜨거운 항성의 온도보다 수조 도 더 높은 온도입니다.

이 단위들은 어떤 의미가 있을까요? 다음과 같은 질문을 해 보지요. '우주 공간을 밀리미터, 마이크로미터, 나노미터 등 점점 더 작아지는 단위들로 나눌 수 있을까요?' 원칙상으로는 불가능한 일이 아닙니다. 하지만 이런 나누기가 실제적으로는 어떤 의미를 지닐 수 있을까요? 그토록 작은 입자들이 존재하기나 할까요? 그토록 작은 공간 속에서 여러 물리적 현상들이 일어날 수 있을까요? 아니면 공간의 분할에 구체적인 한계가 있는 걸까요? 시간의 분할에도 한계가 있을까요?

시간에 대한 플랑크의 정의는 현대 물리학의 가장 첨예한 문제들 중 하나에 직면하게 합니다. 그것은 매우 강한 중력의 영향을 받는 원자들의 운동을 기술하기에 적합한 이론이 없다는 사실이지요. 달리 말해서, 중력과 관련한 양자 이론이 존재하지 않는다는 점입니다. 이 결과 분명해지는 사실은, 시간(그리고 공간과 에너지)의 개념이 그것의 제한된 가치를 벗어나서도 과연 의미가 있는지 알 수 없다는 것이에요. 그 개념은 여전히 사용할 수 있는 걸까요? 아직도 현실을 기술하는 데 유용한 걸까요?

  이런 문제를 해결하고, 중력(뉴턴의 g)과 양자 물리학(플랑크의 h)이 보다 일반적인 상대성 이론(아인슈타인의 c)의 틀 안에서 어떻게 조화를 이룰 수 있는지 알기 위해 이론 물리학자들은 지금도 각고의 노력을 쏟고 있답니다. 특히 이와 관련해 과학자들은 초끈 이론에 많은 기대를 걸고 있어요. 초끈 이론에서는 플랑크 길이와 동일한 길이를 가진 끈 모양의 기본요소들이 존재한다고 가정한답니다. 하지만 이론 자체가 아직은 실험을 통해 입증된 단계는 아니에요.

66

플랑크의 벽:
물리학과 우주론 사이의 경계선

 지금까지 자연의 근본적인 속성들(중력, 양자, 빛의 속도 등)을 바탕으로 막스 플랑크가 정의한 시간과 공간의 단위들과 그것의 물리적 의미에 관해서 이런저런 문제들을 살펴보았습니다. 하지만 현대 물리학의 부족한 지식으로 인해 그 단위들에 대한 만족스런 해석을 제시하기가 어렵다는 것을 알게 되었어요.

 빅뱅 이론(41장 참조)에 따르면, 팽창하는 우주는 계속해서 냉각되고 있습니다. 이런 상황에서 가장 먼 과거에 우주의 온도가 어느 정도까지 높았는지 알 수 있을까요? 과거의 유적이라고 할 수 있는 여러 현상들(우주 배경복사 화석, 헬륨 원자, 광자 집단, 반물질의 부재)을 관찰해본 결과, 10억 곱하기 수백만 도(섭씨 10의 15승 도) 수준이었을 가능성이 있고, 그보다 더 높았을 수도 있다는 관찰 결과도 없지 않습니다.

이 문제와 관련해서, 우주의 속성들을 바탕으로 정의된 플랑크 온도(10억 곱하기 10억 곱하기 100조 도, 즉 10의 32승 도)가 한계점의 역할을 하게 되지요.

어떤 의미에서 그렇게 말할 수 있을까요? 간단히 말해, 플랑크 온도까지 올라간 물질 속에서 어떤 일이 일어날 것인지를 현대 물리학이 제대로 설명하지 못하기 때문입니다. 이런 극단의 경우에는 온도라는 개념 자체가 아무 의미도 없게 된다는 뜻이지요.

같은 맥락에서 '플랑크의 벽'이라는 표현을 쓰게 되었답니다. 이것은 우주의 과거를 탐구하는 우리의 연구 활동 속에 주어져 있는 일종의 경계선이라고 할 수 있지요. 하지만, 앞에서도 말했듯이, 과학에서는 그 어떤 상황도 결정적인 것은 없어요. 언젠가는, 아마도 조만간, 우리는 이 경계를 뛰어넘을 수 있을 겁니다. 다만, 한계를 뛰어넘길 갈망하면서 '벽'을 마주하고 서 있는 상태, 그것이 현재 우리의 모습인 것이죠.

옮긴이 성귀수 | 서울에서 태어나 연세대 불문과를 졸업하고 동 대학원에서 박사학위를 받았다. 1991년 『문학정신』을 통해 시인으로 등단했다. 시집으로 『정신의 무거운 실험과 무한히 가벼운 실험정신』이 있고, 옮긴 책으로 『이교도 회사』와 『일만일천번의 채찍질』, 『오페라의 유령』, 『적의 화장법』, 『조선기행』, 『신성한 똥』, 『천안문의 여자』, 『창녀』, 『하트셉수트』, 『빛의 돌』(4권)과 『모차르트』(4권), 『아르센 뤼팽 전집』(20권), 『사드-불멸의 에로티스트』, 『엘리펀트 맨』, 『세 명의 사기꾼』, 『짧은 뱀』, 『극대이윤』, 『자살가계』, 『중력의 법칙』, 『달링』, 『몽테스팡 수난기』, 『꾸르제뜨 이야기』, 『아들』, 『반란의 조짐』, 『수상한 라트비아인』 등 다수가 있다.

천체물리학자 위베르 리브스의
은하수 이야기

초판 1쇄 인쇄 2013년 1월 10일
초판 1쇄 발행 2013년 1월 25일

지은이 위베르 리브스
옮긴이 성귀수
펴낸이 정중모
펴낸곳 도서출판 열림원

책임편집 강희진 | 편집 고윤희 | 디자인 주수현 | 홍보 장혜원
제작 윤준수 | 마케팅 남기성 | 관리 이하영 김은성 조아라

등록 1980년 5월 19일(제406-2003-026호)
주소 서울시 마포구 잔다리로 2길 7-0
전화 02-3144-3700 | 팩스 02-3144-0775
홈페이지 www.yolimwon.com | 이메일 angela.koh@yolimwon.com
트위터 twitter.com/Yolimwon

ISBN 978-89-7063-760-0 13100

• 책값은 뒤표지에 있습니다.